水利工程施工与管理研究

付正峰　王增兵　郑万超　著

吉林科学技术出版社

图书在版编目（CIP）数据

水利工程施工与管理研究 / 付正峰，王增兵，郑万
超著 . -- 长春：吉林科学技术出版社，2024.5
ISBN 978-7-5744-1325-2

Ⅰ．①水… Ⅱ．①付… ②王… ③郑… Ⅲ．①水利工
程－工程施工－研究②水利工程管理－研究 Ⅳ．① TV5
② TV6

中国国家版本馆 CIP 数据核字 (2024) 第 092117 号

水利工程施工与管理研究

著　　　付正峰　王增兵　郑万超
出 版 人　宛　霞
责任编辑　靳雅帅
封面设计　树人教育
制　　版　树人教育
幅面尺寸　185mm×260mm
开　　本　16
字　　数　250 千字
印　　张　11.5
印　　数　1~1500 册
版　　次　2024年5月第1版
印　　次　2024年12月第1次印刷

出　　版　吉林科学技术出版社
发　　行　吉林科学技术出版社
地　　址　长春市福祉大路5788 号出版大厦A 座
邮　　编　130118
发行部电话/传真　0431-81629529 81629530 81629531
　　　　　　　　　81629532 81629533 81629534
储运部电话　0431-86059116
编辑部电话　0431-81629510
印　　刷　三河市嵩川印刷有限公司

书　　号　ISBN 978-7-5744-1325-2
定　　价　68.00元

前　言

我国近些年来日新月异，实现了各行各业的突飞猛进，水利工程也已有了质的飞跃。作为水利工程中至关重要的施工管理环节，对整个工程的有序开展和质量的优劣都有着巨大的影响，故而必须引起我们的重视，积极采取有效措施来推进水利工程的施工管理能使工程更上一个台阶。

水利工程施工管理的特点有：涉及面广，诸如工业、环保、城建、电力等多个领域，涉及方方面面，相关的法律法规也比较多，地区的差异性较大，具有不确定性，没有统一的标准等。工程的不同，或者同一个工程在不同的区段内，其施工的环境和地质的特点都不同，施工管理也就表现出形式多样化。此外由于水利工程是一项复杂的庞大工程，容易受外界的干扰，充满不可控性，故而导致水利工程的施工管理工作难以开展。

强化水利工程在质量监管方面的能力，必须熟悉相关的法律法规，定期培训，规范岗位制度，以提升整个监管的水平。质量监督需要和施工中的各项制度进行合理的结合，形成完整的质量体系，以多形式和全方位的体系去督促各个方面的工作，以规范水利工程的质量，进行有效的监管。检测设备需要做好检测的工作，并结合抽样检查、见证取样等措施加强监管，对于重要的隐蔽工程要加大质量监督的频率；质量监督管理必须规范化，有关部门的职能需要进一步予以强化，并善于与其他协作部门合作，以提高质检机构的真正作用。

国家的发展离不开水利工程的建设，这些年国内水利工程项目如雨后春笋般发展迅猛。其施工管理作为水利工程中至关重要的工作，必须引以为重，努力增强思想认知，规范职责，精确进行成本的预算，完善个性制度的建立，通过多种科学有效的措施来加强质量管控，并依托科技的进步和创新进一步提高工程科技含量。只有通过各个方面的努力和提升，方可提高我国整个水利事业的水准，为国家建设添砖加瓦，贡献力量。

为了提升本书的学术性与严谨性，在撰写过程中，笔者参阅了大量的文献资料，引用了诸多专家学者的研究成果，因篇幅有限，不能一一列举，在此一并表示最真诚的感谢。由于时间仓促，加之笔者水平有限，在撰写过程中难免出现不足的地方，希望各位读者不吝赐教，提出宝贵的意见，以便笔者在今后的学习中加以改进。

目录

第一章 水利工程施工概述

第一节 水利工程施工的研究及发展

说起水利，中国人没有不知道黄河、长江、海河、淮河的。从小学生到老人，都知道中国古代的大禹治水、京杭大运河。我国不久前建成的三峡大坝，更是举世闻名。人类为了生存，而从未间断过的治河防洪、灌排供水、水力发电、坝工建设，都要经过水利工程施工的过程。地球上自有生命以来的历史，也是与水的斗争史。所以说，水利工程施工是千万年都干不完的。目前，地球上规模最大的水电站是中国的三峡水利枢纽工程，坝型为混凝土重力坝，最大坝高 181m，装机容量为 18200MW；最高的土石坝是苏联的努列克坝，最大坝高 300m；最高的混凝土坝是瑞士的大迪克桑斯坝，坝型为重力坝，最大坝高 285m。

我国目前已建的最高土石坝是天生桥一级混凝土面板堆石坝，实际最大坝高182.3m，在世界混凝土面板堆石坝类型中，居第二位。在建的水布垭混凝土面板堆石坝坝高 233m，是目前世界同类型坝中最高的。在建的吉林台一级水电站混凝土面板沙砾堆石坝坝高 157m，也是世界砂砾石混凝土面板坝类型中最高的一座。我国目前已建最高的混凝土坝是二滩水利枢纽工程，坝型为混凝土双曲拱坝，最大坝高为 240m。可见，我国水利水电工程建设水平已跨入世界前列。

近年来，随着水利水电工程建设的发展，我国施工机械的装备能力迅速增长，已具有高强度快速施工的能力。例如，我国黄河小浪底水利枢纽工程大坝为黏土心墙堆石坝，最大坝高为 154m，土石填筑方量为 5570 万 m³，施工中堆石料填筑选用 10.3m³ 挖掘机装料，65t 自卸汽车运料，17t 光面振动碾压实；心墙料填筑选用 10.7m³ 装载机装料，65t 或 36t 自卸汽车运料，17t 凸块碾压实，创造出月最高上坝强度达 101.03 万m³，日最高上坝强度达 4.19 万 m³ 的记录。天生桥二级引水洞、引大入秦和引黄入晋工程的长隧洞开挖，均采用了全断面掘进机和双护盾掘进机等设备，最大开挖断面直径为 10.8m，创造了日最高进尺 113m 的记录。小浪底、三峡水利枢纽工程在混凝土防渗墙施工中采用了对地层适应性较强的冲击式正、反循环钻机及双轮铣槽钻机，一台

BC30 型铣槽钻机一个枯水期就完成了 8 万 m³ 的防渗墙造孔任务。三峡、二滩和小浪底工程的混凝土运输都采用了带式输送机，其中小浪底工程消力塘混凝土浇筑月强度高达 5 万 m³。

我国的施工技术水平也在不断提高。例如，在施工导截流方面，三峡工程大江截流最大流量为 11600m³/s，抛投水深 60m，截流落差 5.3m，施工中采用了 77t 自卸汽车运料，抛投最大块料达 10t，克服了堤头坍塌、深水龙口预平抛垫底、截流期航运和跟踪预报等技术难题。在地基加固与处理方面：三峡工程首次大规模采用了对拉端头锚固技术加固船闸隔墙岩体，解决了最大开挖高度 170m 的高边坡稳定问题；小浪底工程首次应用的 GIN 法新型帷幕灌浆技术，具有优质、高效和低耗的显著特点；垂直防渗墙施工技术也达到新水平，如薄墙抓斗、射水法、锯槽法造孔新技术和多头小直径搅拌机搅拌水泥土成墙、垂直铺塑成墙和振动切槽、振动沉模挤压注浆成墙新技术等，都具有效能高、设备简单、质量好的优点，已在部分工程中应用。在地下工程施工方面，小浪底工程排沙洞采用的无黏结双圈环绕预应力混凝土衬砌技术及泄洪洞内三级孔板消能工施工技术，其规模和技术难度都位于世界前列。在大坝施工方面，除前面介绍的小浪底黏土心墙堆石坝外，碾压混凝土坝施工技术也有很大的进展，如每小时可生产 200m³ 碾压混凝土的双卧连续强制式搅拌系统、大舱面碾压混凝土斜层平推铺筑法、高气温和多雨条件下的碾压混凝土施工技术、碾压混凝土拱坝重复灌浆技术、碾压混凝土拱坝埋管降温技术、碾压混凝土拱坝现场快速质量检测技术等。

我国在施工组织与管理方面也取得了一些新的科研成果。如新开发的水利水电工程施工网络计划软件包、施工总进度计划和施工总体布置 CAD 系统都已投入应用，并接近国际先进水平。

一、水利工程施工理念

查阅典注："水利"——①利用水资源，防止水灾害；②指水利工程，如兴修水利。"工程"——土木建筑或其他生产制造部门用较大而复杂的设备来建造的工作。确切地说，"水利工程"是对天然水资源兴水利、除水害所修建的工程（包括设施和措施）。"设施"——为满足某种需要而建立起来的机构、系统、组织、建筑等。"措施"——针对某种情况采取的处理办法。"施工"是按照设计的规格和要求建造工程的过程。

"水利工程施工"是按照设计的规格和要求，建造水利工程的过程。所以，"施工的目的"是设计的实现和运用的需要。"施工的依据"是规划设计的成果。"施工的特征"包括实践性和综合性。"实践性"是指工程必须经得起实际运用的检验，来不得半点虚假和疏忽，是"硬科学"；"综合性"是说单纯靠工程技术难以实现规划设计的目的，需要综合运用自然科学和社会科学的知识和经验。"施工的目标"要追求安全经济，主要表现在质量和进度上。保证质量才能保证安全，这是一切效益的根本前提，有效益就有"盈利→再生产→再盈利"的良性循环。保证进度才有效益，保证进度需要科学又先进的施工方法和管理方法。

过去，以人力施工为主时，施工技术主要研究工种的施工工艺。现在，随着科学发展和技术进步，更加讲究施工机械与工艺以及组合于各种建筑物时的施工方案与要求，同时对科学、系统的施工管理，提出了更高的要求。因为施工单位负责工程施工，需要建设单位按时进行工程结算，以获得财务上资金的支持；需要设计单位及时提供图纸，需要材料、设备供应单位按质按量适时供应所需的材料和设备，以保证施工的顺利进行。而我国又将工程建设纳入基本建设管理，只有将工程建设项目列入政府规划，有了同意的项目建议书以后，才能进行初步勘测和可行性研究；只有可行性研究报告经审核通过，才可据以编制设计任务书，落实勘测设计单位，开展相应的勘测、设计和科研工作；只有当开工准备已具有相当程度，场内外交通已基本解决，主要施工场地已经清理平整，风、水、电供应和其他临建工程已能满足初期施工要求，才能提出开工报告，转入主体工程施工。所以，施工管理又必须符合国家对工程建设管理的要求，笼统地讲就是要按基本建设程序办事。

二、水利工程建设程序

任何一个工程的建设过程都是由一系列紧密联系的工作环节所组成。为了保证建设项目的正常进行和顺利实现，国家将工程建设过程中各阶段、各环节之间存在的内在程序关系予以科学规范，成为工程建设项目必须遵守的基本建设程序。

水利工程建设也要严格遵守国家的基本建设程序。就水利工程建设项目而言，其工程规模庞大、枢纽建筑布局复杂、涉及施工工种繁多，会使工程的施工不可避免地产生较大干扰；复杂的水文、气象、地形、地质等条件，会给整个施工过程带来许多不确定的因素，进而可能造成施工难度加大；工程建设期间涉及建设、设计、施工、监理、供货等众多部门，相互间的组织、协调工作量大。根据水利工程建设的特点，在总结国内外大量工程建设实践的基础上，也逐步形成了我国现行的水利水电工程基本建设程序。

工程项目建设过程，通常从进度上划分为规划、设计、施工三大阶段。就水利工程建设项目的建设过程而言，具体划分为项目建议书、可行性研究、设计、开工准备、组织施工、生产准备、竣工验收、投产运行、项目后评价等九个阶段。

各个阶段既有分工，又有联系，相辅相成，科学地反映了其基本建设的内在规律。

（一）项目建议书

项目建议书是在流域（区域）规划的基础上，对某建设项目的建议性专业规划。

主要是对拟建项目做出初步说明，供政府选择并决定是否列入国民经济中长期发展计划。其主要内容为：概述项目建设的依据，提出开发目标和任务，对项目所在地区和附近有关地区的建设条件及有关问题进行调查分析和必要的勘测工作，论证工程项目建设的必要性，初步分析项目建设的可行性与合理性，初选建设项目的规模、实施方案和主要建筑物布置，初步预算项目的总投资。区域规划和流域规划中都包括专业规划和综合规划，专业规划服从综合规划；区域规划、流域规划、国民经济发展规划之间的关系，是前者为后者提供建议，但前者最终要服从后者。

（二）可行性研究

可行性研究是在项目建议书的基础上，对拟建工程进行全面技术经济分析论证的设计文件。其主要任务是：按强制性行业标准《水利水电工程可行性研究报告编制规程》（DL5020—93）的要求，明确拟建工程的任务和主要效益，确定主要水文参数，查清主要地质问题，选定工程场址，确定工程等级，初选工程布置方案，提出主要工程量和工期。初步确定库区淹没、用地范围和补偿措施等，对环境影响进行评价，估算工程投资，进行经济和财务分析评价，在此基础上提出技术上的可行性和经济上的合理性的综合论证及工程项目是否可行的结论性意见。

（三）设计

1. 初步设计

可行性研究报告经审核通过，意味着建设项目已初步确定。可据以编制设计任务书，落实勘测设计单位，开展相应的勘测、设计和科研工作。初步设计是在可行性研究的基础上，在设计任务书的指导下，通过进一步勘测，按强制性行业标准《水利水电工程初步设计报告编制规程》（DL5021—93）或《小型水电站初步设计报告编制规程》（SL/T179—96）的要求，对工程及其建筑物进行的最基本设计。其主要任务是：对可行性研究阶段的各种基本资料进行更详细的调查、勘测、试验和补充，确定拟建项目的综合开发目标、工程及主要建筑物等级、总体布置、主要建筑物形式和轮廓尺寸、主要机电设备形式和布置，确定总工程量、施工方法、施工总进度和总概算，进一步论证在指定地点和规定期限内进行建设的可行性和合理性。

2. 招标设计

招标设计是为进行水利工程招标而编制的设计文件，是编制施工招标文件和施工计划的基础。1994年中国水利部规定，水利工程项目均应在完成初步设计之后进行招标设计。它是在已经批准的初步设计及概算的基础上，对已经确定实行投资包干或招标承包制的大中型水利水电工程建设项目，根据工程管理与投资的支配权限，按照管理单位及分标项目的划分，按投资的切块分配进行的分块设计，以便于对工程投资进行管理与控制，并作为项目投资主管部门与建设单位签订工程总承包（或投资包干）

合同的主要依据。同时提交满足业主控制和管理所需要的，按照总量控制、合理调整的原则编制的内部预算——业主预算，也称为执行概算。

3. 施工详图

初步设计经审定标准，可作为国家安排建设项目的依据，并进而制定基本建设年度计划，开展施工详图设计以及与有关方面签订协议合同。施工详图是在初步设计和招标设计的基础上，绘制具体施工图的设计，是现场建筑物施工和设备制作安装的依据。其主要内容为：建筑物地基开挖图，地基处理图，建筑物体形图、结构图、钢筋图，金属结构的结构图和大样图，机电设备、埋件、管道、线路的布置安装图，监测设施布置图、细部图等，并说明施工要求、注意事项、选用材料和设备的型号规格、加工工艺等。施工详图不用报审。施工详图设计为施工提供能按图建造的图纸，允许在建设期间陆续分项、分批完成，但必须先于工程施工进度的相应准备时期。

（四）开工准备

初步设计及概算文件批准后，建设项目即可编制年度建设计划，据以进行基本建设拨款贷款。水利工程的建设周期较长，为此，应根据批准的总概算和总进度，合理安排分年度的施工项目和投资。分年度计划投资的安排，要与长期计划的要求相适应，要保证工程的建设特性和连续性，以确保建设项目在预定的周期内能顺利建成投产。

具有批准的初步设计文件和批准的分年度建设计划，建设单位就可进行主要设备的申请订货。

在建设项目的主体工程开工之前，还必须完成各项施工准备工作，其内容主要包括：①落实工程永久占地与施工临时用地的征用，落实库区淹没范围的移民安置；②完成施工交通、场地平整及水、电、通信等工程；③建好必需的生产和生活临时建筑工程；④完成施工招投标工作，并择优选定监管单位、施工单位和主要材料的供应厂家。

建设单位按照批准的建设文件，组织工程建设，保证项目建设目标的实现；建设单位必须按审批权限，向主管部门提出主体工程开工申请报告，经批准后，主体工程方能正式开工。

（五）组织施工

施工阶段是工程实体形成的主要阶段，建设、设计、施工、供应和监理各方都应围绕建设总目标的要求，为工程的顺利实施积极协作配合。建设单位（即项目法人）要充分发挥建设管理的主导作用，为施工创造良好的条件。设计单位应按时、按质完成施工详图的设计，以满足主体工程进度的要求。监理单位要在建设单位的授权范围内，制定切实可行的监理计划，发挥自己在技术和管理方面的优势，独立负责项目的建设工期、质量、投资的控制及现场施工的组织协调。供应单位应严格遵照供应合同的要求，将所需设备、材料保质保量按时供应到位。施工单位应严格遵照施工承包合同的要求，建立现场管理机构及质量保证措施，合理组织技术力量，加强工序管理，服从监理监督，力争工程按质量要求如期完成。

（六）生产准备

生产准备是建设项目投产前所需进行的一项重要工作，是建设阶段转入生产经营阶段的必要条件。建设单位应按照建管结合和项目法人责任制的要求，在施工过程中及时组建专门机构，适时做好各项生产准备工作，为竣工验收后的投产运营创造必要的条件。

生产准备应根据不同类型的工程要求确定，一般应包括以下几方面内容：

①生产组织准备。建立生产经营的管理机构及相应管理规章制度。

②招收和培训生产人员。按照生产运营的要求，配备生产管理人员，并通过多种形式的培训，提高人员素质，使之能满足运营要求。要组织生产管理人员参与工程的施工建设、设备的安装调试及工程验收，使其熟练掌握与工程投产运营有关的生产技术和工艺流程，为顺利衔接基本建设和生产经营做好准备。

③生产技术准备。主要包括技术资料的收集汇总、运行方案的制定、岗位操作规程的制定等。

④生产物资准备。主要是落实投产运营所需要的原材料、工具器具、备件的制造或订货，及其他协作配合条件的准备。

⑤正常的生活福利设施准备。

（七）竣工验收

竣工验收是工程完成建设目标的标志，是全面考核基本建设成果，检验设计和工程质量，办理移交手续、交付投产运营的重要环节。当建设项目的建设内容全部完成，并经过所有单位工程验收，符合设计要求时，可向验收主管部门提出申请，根据国家和部门的验收规程，组织单项工程验收。

验收的程序会随工程规模大小而有所不同，一般分两个阶段验收，即初步验收和正式验收。工程规模较大、技术较复杂的建设项目可先进行初步验收，初验工作由监理单位会同设计、施工、质量监督、主管单位代表共同进行，初验的目的是帮助施工单位发现遗漏的质量问题，及时补救；待施工单位对初验的问题做出必要的处理之后，再申请有关单位进行正式验收。

在竣工验收阶段，建设单位要认真清理所有财产和物资，办理工程结算和编制好工程竣工决算，报上级主管部门审查。

（八）投产运行

验收合格的项目，办理工程正式移交手续，工程即从基本建设转入生产运营或试运行。

（九）项目后评价

建设项目竣工投产并已生产运营 1～2 年后，对项目所做的系统综合评价，称为项目后评价。其主要内容包括：影响评价——项目投产后对各方面的影响进行评价；效益评价——对项目投资、国民经济效益、财务效益、技术进步和规模效益、可行性研究深度等进行评价；过程评价——对项目的建立、设计施工、建设管理、竣工投产、生产运营等全过程进行评价。项目后评价的目的是总结项目建设的成功经验。对项目管理中存在的问题，及时纠正并吸取教训，为今后类似项目的实施，在提高项目决策水平和投资效果方面积累宝贵经验。

上述水利基本建设程序的组成环节、工作内容、相互关系、执行步骤等，是经过水利工程建设的长期实践总结出来的，反映了基本建设活动应有的、内在的、本质的、必然的联系。因水利工程建设规模较大，涉及因素较多，且工作条件复杂、效益显著、施工建造艰难、一旦失事后果严重，因此水利工程建设必须严格遵守基本建设程序和规程规范。

三、本学科研究的内容

"水利工程施工"是人类在利用自然和改造自然过程中积累起来并在生产劳动中体现出来的建造水利工程的经验和知识，统称为水利工程施工技术。

水利工程施工的内容，从构成上又可逐级划分为若干个单项工程、单位工程、分部工程和分项工程等，以满足不同建设阶段的管理需要。通常，单项工程是指工程建成后可以独自发挥生产能力或效益的工程系统，又称扩大单位工程，如拦河坝、发电厂房和引水工程等。按照单项工程中工程项目的性质不同或能否独立施工，又可将每个单项工程划分为若干个单位工程，如引水工程可划分为进水口、引水隧洞、引水渠工程等。按照施工工艺的不同还可将每个单位工程划分为若干个分部工程，如引水隧洞可划分为土方开挖、石方开挖、混凝土浇筑、灌浆工程等。按照结构部位的不同，最后可将每个分部工程划分为若干个分项工程，如引水隧洞的混凝土浇筑工程可划分为底板（拱）、边墙（拱）和顶拱等分项工程。

第二节　水利工程施工的任务和特点

一、水利工程施工的任务

（1）在项目建议书、可行性研究报告、初步设计、施工准备和施工阶段，根据其不同要求、工程结构的特点及工程所在地区的自然条件、社会经济状况、设备、材料、人力等资源供应情况，编制施工组织设计和投标计价。

（2）建立现代项目管理体系，按照施工组织设计，合理地使用人力、物力、财力，组织施工，按期完成工程建设，保证施工质量，降低工程成本，多快好省地全面完成施工任务。

（3）在施工过程中开展观测、试验和研究工作，推动水利水电建设科学技术的进步。

（4）在生产准备、竣工验收和后评价阶段，完善工程附属设施及施工缺陷部位，并完成相应的施工报告和验收文件。

二、水利工程施工的特点

（1）受自然条件影响大。工程多在露天地区进行，水文、气象、地形、工程地质和水文地质等自然条件在很大程度上影响着工程施工的难易程度和施工方案的选择。在河床上修建水工建筑物，不可避免地要控制水流，进行施工导流，以保证工程施工的顺利进行。在冬季、夏季和雨天施工时，必须采取相应的措施，避免气候影响的干扰，保证施工质量及进度。

（2）工程量和投资大，工期长。水利水电枢纽工程量一般都很大，有的甚至巨大，修建时需花费大量的资金，同时施工工期也很长。如中国三峡水利水电枢纽工程，仅混凝土浇筑总量就为 2820 万 m³，工程静态投资 900 多亿人民币，动态投资 2000 多亿人民币，施工总工期 16 年。又如中国黄河小浪底水利枢纽工程，土石方填筑为 5570 万 m³，土石方开挖 3905 万 m³。再如苏联的努列克心墙坝的填筑方量 5600 万 m³，总工期 20 年。所以，加快施工进度，缩短建设周期，降低工程造价，对水利水电工程建设具有重大意义。

（3）施工质量要求高。水利工程多为挡水和泄水建筑物，一旦失事，对下游国民经济和生命财产会带来很大的损失，所以对施工质量要求高，稳定、安全、防渗、防冲、防腐蚀等必须保证。

（4）相互干扰限制大。水利工程一般由许多单项工程组成，布置比较集中，工种多，工程量大，施工强度高，再加上地形条件的限制，施工干扰比较大，必须统筹规划，重视现场施工与管理。

（5）多方因素制约施工。修建水利工程，会涉及许多部门的利益，如在河道上施工的同时，往往还要满足通航、发电、下游灌溉、工业及城市用水等的需要，使施工组织和管理变得复杂化。

（6）作业安全难保障。在水利水电工程施工中有爆破作业、地下作业、水域作业和高空作业等，这些作业常常平行交叉进行，对施工安全非常不利。

（7）临建工程修建多。水利工程多建在荒山峡谷河道，交通不便，人烟稀少，常需要修建一些临时性建筑，如施工导流建筑物、辅助工厂、道路、房屋和生活福利设施，这些都使工程难度大大增加。

（8）组织管理难度大。水利工程施工中不仅涉及许多部门的利益，而且会影响区域的社会、经济、生态，甚至气候等因素，施工组织和管理所面临的是一个复杂的系统。因此，必须采取系统分析的方法，统筹兼顾，全局优化。

第三节　水利工程施工机械综述

现代水利工程施工机械按用途可以分为11类：(1)铲土运输机械；(2)挖掘机械；(3)工程运输车辆；(4)工程运输驳船；(5)输送机械；(6)压实机械；(7)凿岩钻孔机械；(8)地基处理机械；(9)砂石料加工机械；(10)混凝土机械；(11)工程起重机。下面主要介绍其性能及适用条件。

一、铲土运输机械

（一）推土机

推土机由拖拉机和装于前方的推土装置组成，能开挖和推运较硬的土壤、风化层和爆破石渣等岩土和散粒材料，是最常用的施工机械。推土机的型号很多，其中CATDL型推土机，功率为460马力，总重51t；推土铲宽4.5m，高2m，运行稳定，功率大，操作方便、维修简单，并带有裂土器，入土深度达1.3m，专用于艰难的推土、开垦和翻松工作。

（二）装载机

装载机的主要用途是铲取散粒材料并装上车辆或料斗，还可用于装运、挖掘、平整地面和牵引车辆。水利工地多用于装车和搬运材料，在基坑和采石场配合自卸汽车出渣比较普遍。CAT992C型装载机，斗容10.3m³，功率690马力，机械性能可靠，驾驶室有综合的电子监控系统。

（三）铲运机

铲运机是一种典型的铲土运输机械，能在行驶中铲土并能在行驶中将土料卸出，铺成所需要的厚度，能独立完成铲土、运土、卸土、铺土的综合作业。铲运机适用于铲取含水量适当，结构较密实的壤土，但对于散沙不易装满铲斗，而硬土和软岩若事先翻松也可以铲取入斗。水利工地上常用铲运机开挖基坑和河渠，以及填筑土坝和土堤，运距为几百米到几公里。

二、挖掘机械

（一）正铲挖掘机

正铲挖掘机型号很多，在水利水电工程中使用很广，除采用建筑用的小型挖掘机外，常采用斗容量 4m³ 以上的机械传动式正铲挖掘机，最大挖掘半径 9m，最大挖掘高度 10m，工作重量 202t，开挖基坑、装载爆破石渣和开采沙砾石、坚硬土壤等作业。一般与自卸汽车配合，也可以通过转换料斗与机车、皮带机配套使用。目前先进的正铲挖掘机为液压传动式挖掘机，已在大型工程中使用。

（二）反铲挖掘机

反铲挖掘机型号很多，其中 CAT245 和 UH501 型可兼做正铲使用，均采用液压传动式，结构灵巧，容易操作，并且有良好的工作性能，运作系统也比较简单，机械重量轻。本机功率为 325 马力，其最大卸载高度 5.6m，最大卸载高度时伸出距离 6.3m，挖掘力为 4.2t，适用于开挖沟槽和疏浚河道，开挖河滩砂卵石以及开挖基坑，装载爆破石渣和料场取土装车等作业，并可改换装置进行液压抓岩、液压冲击、液压振捣等工作。

（三）拉铲挖掘机

拉铲的动臂为长度较大的钢桁架结构，通过操纵钢索，能使铲斗挖取远离挖掘机的地方，又能将土卸到远处弃土堆上，也能直接装车，拉铲靠自重切土，可挖掘一般土壤和密实的沙砾、石渣。

（四）抓铲挖掘机

抓铲是靠两根钢索同步升降，又可分别操作来实现其工作的。在水利工地适合基坑、竖井的开挖，水下清基和开采沙砾料、散粒材料的提升等作业等，在火车站、煤码头，可经常见到用其进行装煤卸煤作业。

（五）铲扬船

铲扬船的铲斗能伸入深水中挖取泥沙、砾石和水下爆破的石渣，向泥驳或岸边卸料，斗容 4m³ 的铲扬船，挖深 3 ~ 15m，卸料距离 12 ~ 23m，葛洲坝水电站曾用它开采长江中的沙砾石。

（六）链斗式采砂船

链斗式采砂船是一种装在平底船上的多斗挖掘机，能循环转斗的链斗安装在链斗大梁上，大梁一端伸入河底挖取沙砾石并提出水面，上升到顶部倾翻卸料入沙驳运走，采砂船开挖方式有静水开挖、顺水开挖、逆水开挖、斜向开挖等。水利工地常用它开采河道中的沙砾石作为混凝土的骨料使用，每小时生产能力为 250m³ 的采砂船用得比较广泛。

（七）斗轮式挖掘机

国产斗轮式挖掘机多以带式输送机和自卸汽车配合使用，连续生产效率高。适用于土方工程量大，料场地形平坦、面积宽阔、地下水位低，并能保证把挖出的土堆运走，开挖的土壤或软岩都是容易挖掘的情况。在采矿中使用很广，每小时生产量可达 2000m³。

三、工程运输车辆

（一）自卸汽车

在工程建设中，使用最普遍的工程运输车辆是各种型号的载重自卸汽车。在国际市场上，其型号达 200 ～ 300 种，载重量从 10 ～ 300t，功率由 129 ～ 2207kW。国产 100t 级的自卸汽车 1994 年已开始生产。WABC050 型的载重量 45t，斗容量 23.5m³，功率 635 马力，其性能良好、驾驶室舒适、动力稳定、倾卸自如、结构可靠。

（二）窄轨机车

窄轨机车适用于运送隧洞爆破石渣、混凝土坝的混凝土水平运输、砂石骨料运输以及土石坝的土石方运输。由于设备简单、修路容易、生产率高、运费低，所以使用很广。

（三）宽轨机车

水利工程使用的宽轨机车的车厢可侧向卸料，可运载土石料上坝，也可作为基坑出渣使用。混凝土坝可用其运送砂石料。如安康水电站成品骨料使用宽轨机车运输，在骨料场设置装车楼、皮带机，向装车楼供料十分方便。

（四）水泥专用列车

大型水电水利工地常用散装水泥，由罐式水泥专用列车或厢式水泥专用列车运输。列车到达工地火车站后，水泥由压缩空气输送入大型水泥罐组成的水泥仓库。东江和水口工程，列车不直通拌和楼，由水泥专用汽车把水泥转运到拌和场附近的水泥罐，以供混凝土拌和使用。

（五）水泥专用汽车

水泥专用汽车可转运工地、火车站、水泥仓库的水泥，也可从水泥厂直接运送水泥，供拌和场生产使用。水泥专用汽车配有小型水泥罐，靠压缩空气把水泥输送入拌和场的水泥罐。

（六）重型平板挂车

重型平板挂车主要用于运输工程机械和大型机械设备。许多水电站因种种原因没有修建直通厂房的铁路，而水轮机、发电机及变压器等设备均需用重型平板挂车运输。东江、水口、沙西口水电站就是如此。

四、工程运输驳船

（一）砂石料专用驳船

许多大型水利工程所用的砂石料由采沙船开采，通过驳船运输到工地码头。驳船系工地制造的砂石料专用船，船内的料仓呈漏斗型，漏斗底下设有皮带机，供卸料之用。有的砂石料在码头进行初筛分，然后通过皮带机送往筛分楼附近的毛料堆场。此种自行式驳船不用人工卸料、使用方便、效率高。

（二）侧抛船

侧抛船可用于截流龙口护底、江堤防冲加固、库内防渗铺盖敷设等施工任务。截流中采用侧抛船进行龙口护底，目的是保护龙口底部的覆盖层不被水流冲走，并能降低立堵时的截流流速。采用块石钢筋笼和混凝土四面体对龙口进行护底后，对截流的顺利进行作用很大。葛洲坝和水口工程都采用了侧抛船进行龙口护底。

五、输送机械

（一）皮带机

在建筑和水利水电工程施工中，带式输送机是一种重要的运输机械，主要用于运输土石方、砂石料和流态混凝土等。由于能连续运输物料、生产率高、能耗低、结构简单、工作可靠、管理方便、线路工程简单，因此得到普遍使用。一般单机长为50～200m，国产单机最长的已达2500m。皮带由电动机带动、拉紧装置，只作直线运行。转弯时需设转换皮带，常在毛料堆场和骨料罐顶上装有活动的卸料小车。

（二）螺旋输送机

螺旋输送机一般用来沿水平或倾斜方向运送松散的细粒物料，运距不大，一般为30～40m。它由半圆形料槽、带有螺旋叶片的轴和驱动装置组成。由料槽一端进料，料槽另一端出料。常用于把大型输送罐的水泥输送入斗式提升机，再转运到拌和楼上的小型水泥罐。

（三）斗式提升机

斗式提升机可用来提升垂直与倾斜方向的散粒或粉末材料，其提升高度在20m左右，较高的达 60m。在混凝土生产企业中，常用来提升水泥、粉煤灰和碎石、沙砾等材料。其牵引构件为环形的胶带或链条，其上部装着料斗，物料由底部进料并提升到顶部卸出，底部有螺杆式拉紧装置。

六、压实机械

（一）羊脚碾

羊脚碾是在光面碾滚筒上焊上若干个羊足型突状物便成为羊脚碾，碾压时滚筒的全部重量是通过一排着地的羊脚作用在土料上，由于羊脚断面的面积小，压强大，羊足能向四周传递侧压力，并能翻松坝面几厘米，便于上下层结合。此碾适用于土料含水量小，干容重要求高的黏性土碾压，一般用于土石坝的黏土防渗墙和均质坝的压实。

（二）轮胎碾

一般是以光面花纹的充气轮胎作为压实构件，利用碾的重量压实土料，对黏性土和沙砾料均能压实，拖式轮胎碾加载后的总重量为 50 ~ 200t，用履带拖拉机牵引，适用于土料含水量较高，压实干容重要求较低的土坝碾压，也可用于其他土方工程的碾压。此种碾压实深度大，有静压和揉搓作用，压实效果好。

（三）振动碾

振动碾的压实是依靠碾重静压和振动力共同作用的，DW200 型和 DS70 型手扶振动碾，作为碾压混凝土的压实使用。小型振动碾用在模板附近后的碾压；对于 DW200 型，机重 8t，振动次数为 2600 次 / 分，振动力 320kN·t，功率 412kW。振动碾也是土坝沙砾料和堆石坝的有效碾压机械。

七、凿岩钻孔机械

（一）岩心钻机

SJZ3B 型钻机是一种回转式钻机，能取出岩芯进行试验。用普通工具杆钻头时，在钻头和孔底之间要投放钢砂；钻中硬岩石时可用嵌有硬质合金的钻头；钻更坚硬的岩石则采用钻石钻头；国产机钻孔深度可达 150m，可在灌浆廊道内钻孔，然后进行帷幕灌浆。

（二）履带式钻机

CDH901C 型钻机，功率为 146 马力，孔径 48 ~ 102mm，属于旋转冲击式钻机，具有舒适稳定的驾驶室，是一种高性能的油压式钻机，在任何性质的岩石上都能发挥很高的钻孔能力，最大钻孔速度已达 3m/ 分，冲击频率 2600 次 / 分，机重 9.5t，具有灵活的机动性和操作性。

（三）潜孔钻机

YQ150 型潜孔钻机在我国水利水电工程中应用较为广泛，此机的冲击机构和钻头一起潜入孔底进行作业，靠冲击和回转破碎岩石，凿岩效率高、噪声低，可钻倾斜炮孔，钻孔直径为 150mm，孔深达 17.5m。

（四）架钻

架钻是一种风动冲击传动式凿岩机，它是使用压缩空气作为动力，使钻头产生冲击作用，破岩成孔的，在采石场、基坑开挖、溢洪道开挖中也得到广泛应用。

（五）锚杆台车

ROBOLTH42050 型锚杆台车，能钻锚杆孔、安锚杆、灌浆等作业，一机多能；最大工作高度 11m，最大钻孔深度 5m，适合大型隧洞的喷锚支护使用。此机采用液压传动，运行可靠，灵活方便。

（六）隧洞凿岩钻车

凿岩钻车通常为多臂钻车，行走装置有轮胎式、轨道式、履带式三种，目前大型隧洞常用。国内几个大型隧洞采用了履带式钻车，其转臂的运动方式有直角坐标和极坐标两种，动臂与导轨推进器在结构上采用液压平动油缸，实现空间平动，工作性能良好。

（七）岩石掘进机

我国引峦入津工程、天生桥工程、漫湾工程等都成功地采用掘进机开挖隧洞，月最高进尺可达近 1000m。此机械采用刀具切割和破碎岩石，刀具安装在刀盘上，刀盘由大型双排圆锥管子轴承支撑在导向壳体上，刀具多达数十个，刀盘外缘装有铲斗 8～12 把，把岩渣转入卸渣槽，再由出渣皮带机输送，掘进采用激光导向，其优点是挖掘速度快，超挖量少，衬砌工作量少，成洞质量高。掘进机采用开挖、出渣和衬砌联合作业。

八、地基处理机械

（一）松岩机

松岩机是从日本引进的，此机采用液压传动，可行驶，也能转动 360 度，机械灵巧，性能稳定，松岩效率甚高。以往常用风镐松动岩石，进行清基，效率很低，影响施工进度。此机能加快清基的进度和提高清基的质量。

（二）真空吸泥泵机

V74030S 型抽真空机也叫真空吸泥泵机，吸气量为每分钟 20m³，工作压力为—0.7MPa，功率 37kW，并配 S1500 型还原罐，功率 11kW，其功能是清除所吸的渣子，是 20 世纪 80 年代末从日本引进的，工作效率高，性能好，是基础清理的好设备。以往清基多为人工排水、清泥，速度慢，清理不干净。本机不但能吸走泥水，而且能吸走杂质和碎石，大大提高了清基的进度和质量。

（三）灌浆机

ZBE 型灌浆机由搅拌器、拌和器、灌浆泵组成，可作为帷幕灌浆、固结灌浆、接缝灌浆、回填灌浆等使用，以循环的方式进行，其浆液一部分进入灌区，另一部分回到浆桶中，能使浆液始终保持流动状态，防止水泥沉淀，并可根据净出浆比例，判断水泥吸收情况，这种方式比纯压式灌浆质量好，较为常用。特别是岩基裂缝小和坝体接缝灌浆时效果显著，灌浆能力每分钟 0 ~ 90m，灌浆压力 0 ~ 30MPa。

（四）冲击式钻机

此种机械是利用钢索，将重量达 1 ~ 3t 的钻具抬起一定高度，然后自由落下，使其冲击孔底而形成钻孔。主孔采用空心钻头钻进，副孔采用实心钻头劈打，孔内采用泥浆固壁，联孔成槽，最后灌注素混凝土成墙。适用于围堰的基础和堰体、土坝的基础和坝体的混凝土防渗墙的钻孔。特别是厚覆盖层时普遍使用，深度可达百余米。混凝土灌注用的导管，可根据施工具体要求长短不一。我国 CZ 型冲击钻机已在水口、葛洲坝、铜街子工程中使用过，效果十分理想。

九、砂石料加工机械

（一）筛分楼

骨料加工厂以筛分楼为中枢，通过皮带机、砂石毛料堆场、砂石净料堆场所组成。净料直送拌和楼附近的调节料罐或调节料堆。筛分楼多为钢结构，共分为四层。毛料堆场的砂石料通过皮带机输送到筛分楼的进料层，由此进入下一层的筛分机。本层设有多台振动筛，利用轴上的偏心重，旋转的离心力产生高频率小振幅的强烈振动，使筛网上的混合物迅速分离，细料进入下层筛，并在筛分中冲洗，每台筛分机共两层，分别筛分 40 ~ 80mm、80 ~ 150mm 的大骨料，再一层的筛分机筛分 5 ~ 20mm、20 ~ 40mm 的中小骨料，小于 5mm 的砂进入下一层的洗砂机。净料为上一层筛分后小于 40mm 的砂石料。采用螺旋洗砂机洗砂，浮泥由下端溢出，净砂推到顶端的皮带机输送出去。各种骨料筛分冲洗后由皮带机输送到净料堆场。

（二）摇臂式堆料机

筛分楼筛分出来的骨料，需要在净料堆场储存。堆料机可向两侧卸料，又可俯仰降低骨料跌落高度。国产 YD 型堆料机的堆料能力已达每小时 500 ~ 600m³，可在料场 150 ~ 250m 长度范围内沿程堆料，堆料机堆放骨料质量好，不但堆得高，而且不宜破碎。

（三）碎石机

水电水利工地常用夹板式碎石机、旋回式碎石机、锥式碎石机、反击式碎石机。采用爆破开采出来的块石或超径天然骨料，破碎后筛分成所需要的级配骨料。夹板式碎石机，破碎槽由固定夹板和活动夹板构成，由于偏心轮和撑杆作用，活动夹板左右摆动砸碎块石。

（四）棒磨机

棒磨机用于人工制砂，供缺乏天然砂石料的工地使用。它是在旋转的磨桶内装入桶体有效容积 25%～45% 的钢棒，一个桶体的钢棒量从几吨到几十吨。当磨桶旋转时，靠钢棒自由落下的冲击、滚碾，使骨料和钢棒间、骨料之间相互研磨共同作用成砂。

十、混凝土机械

（一）强制式拌和楼

800KBDS 型强制式拌和楼，小时生产能力为 300m³，由进料层、储料层、配料层、拌和层、出料层组成，高达 34.7m，是 20 世纪 80 年代末从日本引进的强制式拌和楼，设备总重 334t。

拌和楼附近设有骨料罐，为钢筋混凝土圆形薄壁结构，共 14 个，每罐可装砂石料 4000t，作为调节料仓使用，并且设有制冷厂，生产冷水、冷气、片冰等，供混凝土的温控使用。同时设有由水泥罐、粉煤灰罐组成的胶凝材料仓库。

骨料罐的骨料通过皮带机进入拌和楼的最顶层——进料层，在进料斗中装有含水量测定仪的触头，以测定砂的含水量变化。储料层的料仓容量为 690m³，可供拌和楼两小时的调节使用。配料层的称量方式，采用杠杆式自动电子秤，各种材料均有独立的称量配料器，称料全部实现自动控制，并且按照自动控制规定的时间和次序卸入给料斗中，通过回转喂料器，送入相应的搅拌机中进行搅拌。拌和层由两排容量 4.5m³ 的强制式双轴液压搅拌机组成，每次搅拌循环时间为 85s，只有自动式搅拌机的一半，生产效率高，并且搅拌质量好，特别适应于硬性混凝土和碾压混凝土的搅拌。目前郑州水工机械厂也开始生产此类搅拌机。出料层由储料斗卸料入混凝土轨道运输车的料罐，料斗可装 9m³ 混凝土，每两台搅拌机一次搅拌的总量是与混凝土搅拌车料罐配套的。卸料进罐由工业电视监控，装车后运往缆机起吊处，也可与门、塔机等配合调运。拌和层外设有操作控制室，室内装有工业电视，能监控整个拌和系统的运行。此外，还配有电子计算机，可随时自动调整混凝土级配。操作台能监控整个拌和系统的运行，各种指标由电视屏幕显示，整座拌和楼实现自动化生产。

（二）自落式拌和楼

330KBDS 型自落式拌和楼，设计小时生产能力为 180m³，结构与强制式拌和楼相近，称量也使用杠杆电子秤，楼高 29.5m，设计总重 240t。国内大型工程普遍使用自落式拌和楼，拌和层由三台自落式搅拌机组成，当容量降低 20% 时，可做碾压混凝土搅拌使用。每次工作循环时间为 180s，出料容量 3m³。控制室的功能与强制式拌和楼相近，整座拌和楼也实现自动化生产，总功率 227kW。

（三）混凝土立式吊罐

6m³ 和 9m³ 的立式吊罐可与缆机和门、塔机等设备配套使用，并采用压缩空气操作卸料闸门，改变了以往的人工启闭。目前国外已有自动开门料罐，我国也研制了液压储能立罐。

（四）混凝土卧式吊罐

卧罐可与门、塔机、缆机等起重设备配套使用，卧罐在现场接收混凝土搅拌车或自卸汽车送来的混凝土，一般由门、塔机转入浇筑部位。常用容积为 1～9m³，我国已研制了自能式卧罐，能半自动开门卸料。

（五）混凝土运输轨道车

混凝土运输轨道车有多种型号，侧卸式轨道车装有一个 9m³ 的混凝土罐，接料定位由拌和楼控制室遥控指挥，运到缆机起吊处，侧向卸入立式吊罐。传统的平板式轨道运输车可直接运输几个吊罐，在拌和楼接料后运到现场，由起重机直接吊入浇筑部位。

（六）混凝土振捣器

水利水电工地的大体积混凝土浇筑常用插入式振捣器，以电动和风动的振捣器最为常用，近几年液压振捣器的应用也日益增多。高频电动硬轴插入式振捣器的构造特点是电动机放置在振捣器大头壳体内部，直接与偏心振动机构相连，产生高频振动，把振动力传给混凝土，使其压实。

（七）混凝土振捣机

VBH 75 EH 型混凝土振捣机配有五台直径 150mm，长为 600mm 的棒式振捣器，不带铲刀，所以不作平仓使用，实际上有些工程采用振捣与平仓相结合的办法，也能满足质量要求。本机采用液压传动，工作性能好，能回转 360 度，并能前后移动。有效工作半径 5.63m，重量 7.3t，履带接地比压小于 0.027MPa，在塌落度较大的混凝土上行驶不会沉陷。

（八）高压冲毛机

HCM M1 型冲毛机，工作压力为 0～32MPa，根据混凝土的强度，压力可进行调节，一般对浇筑三天左右的混凝土冲毛的压力为 15MPa。当某一仓位浇筑完后，或因某种原因产生冷缝时，均需通过冲毛处理，并冲洗干净，方能进行下一浇筑层的浇筑。

（九）刷毛机

当碾压混凝土终凝后，需要通过刷毛、冲洗、铺砂浆处理后才能继续上升。常用直径 40cm 的手扶式刷毛机和 HSY10 型刷毛机，刷毛只需刷掉砂浆乳皮即可，不需要露出石子。在初凝与终凝之间也需进行刷毛。

（十）切缝机

碾压混凝土建筑物中的伸缩缝可用各种方法成缝，而日本常用切缝机切缝，我国也有使用，其方法有先碾压后切缝和先切缝后碾压两种。进行逐层切割成缝，或间断切割成缝，切缝机靠振动力进行切割。

（十一）混凝土搅拌车

NTO 600B 及 RM403 型混凝土搅拌车，容量为 6m³。混凝土搅拌车也称汽车式搅拌机，它的主要特点是在汽车底盘上装有搅拌鼓桶，从拌和楼接收未搅拌好的原材料或搅拌好的混凝土，在运输途中进行搅拌或搅动，避免发生骨料分离现象，对距离较远的混凝土运输能保证质量。

（十二）混凝土泵车

APF90B5221 型混凝土泵车，与搅拌车配套使用，泵及布料臂杆均装在汽车底盘上，能随施工车队行驶。布料臂杆能迅速伸展就位，臂杆为三级油压曲折式，长 17.4m，能浇筑高层建筑物、铺筑路面和浇筑深坑底部的混凝土基础，当其管道连接输送混凝土时，水平距离可达 750m，垂直距离可达 125m。

（十三）混凝土带式浇筑机

混凝土带式浇筑机的种类很多。20 世纪 80 年代末从美国进口的"开勒克"带式浇筑机，使用在水口水电站的涡轮和机墩的混凝土浇筑，输送能力为 92m³/L，能输送大骨料和低塌落度混凝土，构造简单、故障少，国外已用这种设备进行大坝混凝土的输送，是一种高生产率的输送设备。本机的出料口可以移动，机架也可沿轨道移动，因而能在所控制的矩形面积上来回铺摊混凝土。

（十四）滑模千斤顶

滑动模板目前已使用很广，水口水电站的尾水闸墩、隔墙、拦污栅排柱，均用液压滑动钢模板，是利用众多的液压千斤顶卡住 25 钢筋，并与钢梁连接，然后钢梁再与钢模板和工作台连接。当混凝土厚度达 40cm 时，由控制台启动油泵，使所有千斤顶带动钢模板沿钢筋同步爬行，实现了一次性滑模浇筑。

（十五）喷混凝土机械手

ROBOT75 型喷混凝土机械手与混凝土搅拌车、混凝土泵车配套使用，泵送能力 3 ~ 12m³/L，已在天生桥二级引水发电隧洞使用，设备先进、生产率高、质量好，降低了劳动强度，并把混凝土的运输、浇筑、保护结合在一起，实现了机械化连续作业。

（十六）气压焊设备

气压焊是水口工程的一项技术革新，也是水利系统首次使用，它使用乙炔和氧气的混合燃烧来熔化钢筋，并加以压合而成。此种焊接不用电焊条，速度快、操作简单、不需要技术就可以进行，只需通过抗拉试验，质量满足要求。

（十七）钢模台车

采用钢模台车进行大型隧洞的混凝土衬砌，能大量节省材料和劳动力并大大加快了施工速度。它由车架和可绕铰转动的模板组成，车架可沿轨道移动，并装有各种调节千斤顶；面板分成数块铰接在一起，靠水平千斤顶调节。

十一、工程起重机

（一）缆式起重机

缆机速度快、运行方便可靠，跨度可达千余米。缆机的轨道长度必须满足大坝浇筑范围的需要，首先在两岸开挖出平台，然后进行混凝土浇筑和轨道安装。缆机的布置根据实际情况有多种形式，可以将三台平移式缆机布置在同一轨道上。20 世纪 80 年代末由德国引进的一号、二号机起重量为 30t，配 9m³ 吊罐；三号机起重量为 20t，配 6m³ 吊罐，根据大坝浇筑要求，最大提升高度为 110m，小车牵引速度 8m/s，主、副塔行走速度 0.2m/s，主索直径 95mm，每小时平均能吊十罐，三台缆机小时生产能力为 240m³。缆机由操作室控制，操作室能看到大坝全貌，但由于距离远，施工现场用报话机与操作台联络，再由操作人员通过键盘发出指令，通过电缆控制缆机运行，缆机上只有检修人员。

（二）高架门式起重机

丰满门机改进成的 10 ~ 30t 型高架门机，采用圆筒型高塔升和交叉十字箱结构的门座，起重量 30t 时，最大回转半径 20m；起重量 10t 时，最大回转半径 45m，最大起吊高度 120m，起重速度可达 46m/min，行驶速度 22m/min，工作平稳可靠、维修方便。高架门机可安装在栈桥上、已浇的浇筑块上、完建的坝体上，甚至地面上。

（三）塔式起重机

塔机的型号很多，我国使用的大型塔机为 SKDQ180060 型单臂塔机，最大回转半径 60m，最大起吊高度 100m，平均月产量 4120m³。葛洲坝工程的船闸和泄水闸主要采用塔机吊运混凝土入仓,把塔机轨道布置在闸室底板上,可不用栈桥浇筑边墙混凝土,塔机工作性能好,塔式结构可自装自升。

(四)履带式起重机

CCH15001 巨型履带式起重机,起吊重量 150 ~ 200t,工作半径 5 ~ 60m,提升速度 20m/min,下降速度 80m/min,地上最大提升高度 93m,爬坡能力 17°,总装配量 147t,本机可作水利工程各种设备及构件的安装使用,也可作为大坝初期混凝土的浇筑使用。

(五)汽车式起重机

汽车式起重机的型号很多,NK400 型的最大起重量 40t,最大提升高度 50m;NK700 型的最大起重量 70t,最大提升高度 58.2m;水口水电站使用的巨型汽车式液压起重机,最大起重量达 90t。此类起重机均在汽车底盘上设置外升支架 4 条,以提高起重机的稳定性。由于使用起来灵活方便,很受工程界欢迎。

(六)汽车式模板起重机

CTR80 和 NK350 型模板起重机起重量为 7t,是拆除和安装悬臂钢模板的有效设备,大大加快了模板的拆除和安装速度,并且安全可靠。

(七)桥式起重机

桥机在各类大型厂房中使用十分广泛。主机可沿厂房纵向行驶,起重小车可沿厂房横向行驶,以满足整个厂房的吊运。

以上共介绍了 11 类 73 种主要水利工程施工机械,其中引进的为 20 多种。

十二、山东常林集团研发成功世界首台"蓄能"挖掘机

齐鲁网报道,2014 年 8 月 7 日,"高效节能环保挖掘机及液压系统产品发布会"在山东临沂临沭举行,节能 50%、工作效率提高 100% 的"神挖"系列挖掘机面世。

产品鉴定报告指出,山东常林机械集团股份有限公司完成的"ZS632/ZS616 型高效节能环保挖掘机"项目,一是提交的技术文件及产品图样齐全,贯彻了国家和行业相关标准,可以作为鉴定的依据,能够指导生产。二是该挖掘机采用蓄能技术,把动力势能进行有效回收和利用;采用三泵供油和电控的方式,有效利用发动机功率;采用旁通阀、副阀、节能型主阀等液压元件,具有节能和高效的特点,单位作业量油耗降低了 50%,单位时间作业量提高了 100%。三是项目承担单位在液压挖掘机制造、液压元件制造等方面具有先进的生产设备和完善的检测手段,质量保证体系健全,为批量生产奠定了坚实基础。

综上所述,ZS632/ZS616 型高效节能环保挖掘机在工作效率和节能方面取得了突

破，达到同类产品国际先进水平，在高效节能环保和国产液压件应用方面符合国家产业发展规划，同意通过鉴定。

该新品采用液压蓄能技术进行能量回收，并作为辅助动力源与主动力源共同向负载提供能量，是一种新型的液压混合动力挖掘机。与传统的市场主流液压挖掘机相比，具备以下明显优势：一是结构更趋合理；二是节油达到50%以上；三是效率提高100%；四是可靠性更强，因为安装了蓄能系统使工作压力大幅度下降，工作温度也大大降低，由于温度下降全车液压系统的密封件延缓了老化，使用寿命更长，所以更可靠；五是投资回收周期缩短，按每立方米挖掘物料工程费2.5元计算，挖掘机工作4000小时即可收回蓄能装置成本。

这个看似简单的创新，却困扰中国企业多年，关键原因是受制于液压系统。液压系统负责将发动机的能量均衡地分配到各个工作装置。而我国高端液压系统95%以上被国外控制。常林集团经过多年攻关，不仅完成了高端液压系统的国产化，还通过对液压系统全面改造，实现了蓄能技术的跨越式创新。

第二章 施工组织设计概述

第一节 施工组织设计的作用

施工组织设计是水利工程设计文件的重要组成部分；是编制工程投资估算、总概算和招投标文件的重要依据；是工程建设和施工管理的指导性文件。认真做好施工组织设计，对正确选定坝址坝型、枢纽布置、优化整体设计方案、合理组织施工、保证工程质量、缩短建设周期、降低工程造价都有十分重要的作用。

水利工程建设规模大、专业性强、涉及范围广，面临洪水的威胁和受到某些不利的地质、地形条件的影响，施工条件往往较其他工程要复杂困难得多。因此，施工组织设计工作就显得更为重要。目前，国家基本建设体制已由过去的计划经济内包方式，改为市场经济招标承包方式，对施工组织设计的质量、水平、效益的要求也越来越高，在编制招标文件阶段，施工组织设计是确定标底和评标的技术依据，其质量的好坏直接关系到能否选定合适的承包单位和提高工程效益等问题。投标单位在投标时如想在竞争中取胜，也必须做好施工组织设计，才可能提出合适的有竞争性的报价。

设计概算是初步设计文件的重要组成部分。概算批准后，即成为确定和控制基本建设投资、编制基本建设计划、编制招标的标底、考核工程造价和验核工程经济合理性的依据。

第二节 施工组织设计编制原则与要求

一、施工组织设计文件编制的原则

（1）执行国家有关方针政策，严格执行国家基建程序和有关技术标准、规程规范，并符合国内招标、投标规定和国际招标、投标惯例。

（2）结合国情积极开发和推广新技术、新材料、新工艺和新设备，凡经实践证明技术经济效益显著的科研成果，应尽量采用，努力提高技术效益和经济效益。

（3）统筹安排，综合平衡，妥善协调各分部分项工程，达到均衡施工。

（4）结合实际，因地制宜。

二、施工组织设计文件编制要求

水利水电工程设计阶段一般划分为：可行性研究、初步设计和施工详图阶段。各阶段的施工组织设计的内容、设计深度，应根据其任务要求而定。

（1）可行性研究阶段施工组织设计编制要求：初选施工导流方式、导流建筑物形式与布置；初选主体工程的主要施工方法、施工总布置；基本选定对外交通运输方案和场内主要交通干线的布置，估算施工占地；提出控制性工期和分期实施意见，预算主要建筑材料和劳动力。

（2）初步设计阶段施工组织设计编制要求：选定施工导流方案，说明主要建筑物施工方法及主要施工设备；选定施工总布置、总进度及对外交通方案；提出天然（或人工）建筑材料、劳动力、供水、供电需要量及其来源。初步设计批准后进行招标设计，编制招标文件等。

（3）施工详图阶段：在批准的初步设计基础上，根据进一步取得的基本资料和市场信息，进一步优化和加深设计。

第三节　施工组织设计工作的依据

施工组织设计要认真贯彻国家经济建设方针，设计工作必须依据以下各项进行。

（1）可行性研究报告及审批意见、设计任务书、上级单位对本工程建设的要求或批件。

（2）工程所在地区有关基本建设的法规或条例、地方政府对本工程建设的要求。

（3）国民经济各有关部门（铁道、交通、林业、灌排、旅游、环保、文物、城乡供水等）对本工程建设期间的有关要求及协议。

（4）当前水电工程建设的施工装备、管理水平和技术特点。

（5）工程所在地区和河流的自然条件（地形、地质、水文、气象特征和当地建材情况等）、施工电源、水源及水质、交通、环保、旅游、防洪、灌溉排水、航运、过木、供水等现状和近期发展规划。

（6）当地城镇现有修配、加工能力，生活、生产物资和劳动力供应条件，居民生活、卫生习惯等。

（7）施工导流及通航过木等水工模型试验、各种材料试验、混凝土配合比试验、重要结构模型试验、岩土物理力学试验等成果。

（8）工程有关工艺试验或生产性试验成果。

（9）勘测、设计各专业有关成果。

第四节　施工组织设计的主要内容

施工组织设计在初步设计阶段所要求的内容最为全面，各专业之间的设计联系最为密切，这就要特别加强工序管理。下面主要阐述在初步设计阶段的编制步骤和主要内容。

一、工作步骤

（1）根据枢纽布置方案，分析研究坝址施工条件，进行导流设计和施工总进度的安排。与此同时，可对施工技术、辅助企业等进行研究考察。导流、枢纽布置和水工结构，密切相关，相互影响，相辅相成，因此，要经过多次反复，才能取得较好的设计成果。施工总进度是各专业设计工作的重要依据之一，应结合导流方案的选定，尽快编制出控制性进度表。

（2）在提出控制性进度之后，各专业应根据该进度提供的指标进行设计，并为下一道工序提供相关资料。单项工程进度是施工总进度的组成部分，与施工总进度之间是局部与整体的关系，其进度安排不能脱离总进度的指导，同时它又是编制施工总进度的基础和依据。通过单项工程施工方法研究，落实单项工程进度后，才能验证施工总进度是否合理可行，从而为调整、完善施工总进度提供依据。

（3）施工总进度优化后，计算提出分年度的劳动力需要量、最高人数和总劳动力量，计算主要建筑材料总量及分年度供应量、主要施工机械设备需要总量及分年度供应数量。

二、主要内容

（一）施工导流

施工导流是水利水电枢纽总体设计的重要组成部分；是选定枢纽布置、永久性建筑物类型、施工程序和施工总进度的重要因素。设计中应充分掌握基本资料，全面分析各种因素，做好方案比较，从中选择最优方案，使工程建设达到缩短工期、节省投资的目的。施工导流贯穿工程施工全过程，导流设计要合理解决从初期导流到后期导流（包括围堰挡水、坝体临时挡水、封堵导流泄水建筑物和水库蓄水）施工全过程的挡、泄水问题。各期导流特点和相互关系宜进行系统分析，全面规划，统筹安排，运用风险度分析的方法，处理洪水与施工的矛盾，务求导流方案经济合理、安全可靠。

导流泄水建筑物的泄水能力要通过水力计算，以确定断面尺寸和围堰高度。有关的技术问题，应通过水工模型试验分析验证。导流建筑物能与永久性建筑物结合的应尽可能结合。导流底孔布置与水工建筑物关系密切，有时为了考虑导流需要，选择永久泄水建筑物的断面尺寸、布置高程时，需结合研究导流要求，以获得经济合理的方案。

大、中型水利枢纽一般均优先研究分期导流的可能性和合理性。因枢纽工程量大，工期较长，分期导流有利于提前受益，且对施工期通航影响较小。对于山区性河流，洪枯水位变幅大，可采取过水围堰配合其他泄水建筑物的导流方式。

围堰类型的选择要安全可靠，结构简单，并能充分利用当地材料。

截流是大中型水电工程施工中的重要环节。设计方案必须稳妥可靠，保证截流成功。选择截流方式应充分分析水力学参数、施工条件和施工难度、抛投物数量和性质等，并进行技术经济比较。

（二）施工总进度

编制施工总进度时，应根据国民经济发展需要，采取积极有效的措施满足主管部门或业主对施工总工期提出的要求；应综合反映工程建设各阶段的主要施工项目及其进度安排，并充分体现总工期的目标要求。

编制施工总进度的原则有以下几方面内容：

（1）严格执行基本建设程序，遵守国家政策、法规和有关规程规范。

（2）力求缩短工程建设周期，对控制工程总工期或受洪水威胁的工程和关键项目应重点研究，采取有准备的技术和安全措施。

（3）各项目施工程序前后兼顾、衔接合理、减少干扰、均衡施工。

（4）采用平均先进指标，对复杂地基或受洪水制约的工程宜适当留有余地。

工程建设施工阶段划分为以下几方面：

（1）工程筹建期。工程正式开工前由业主单位负责筹建对外交通、施工用电、通信、移民以及招标、评标、签约等工作，为承包单位进场开工创造条件。

（2）工程准备期。准备工程开工起至河床基坑开挖或主体工程开工前的工期。必要的准备工程一般包括：场地平整、场内交通、导流工程、临建房屋和施工场地等。

（3）主体工程施工期。一般从河床基坑开挖或从引水道或厂房开工起，至第一台机组发电或工程开始受益为止的工期。

（4）工程完建期。自水电站第一台机组投入运行或工程开始受益起，至工程竣工为止的工期。

工程施工总工期为工程准备期、主体工程施工期和工程完建期三者之和。工程筹建期不计入总工期。

并非所有工程的四个建设阶段都能截然分开,某些工程的相邻两个阶段工作也可交叉进行。

在水工、施工导流方案选定后,分析某些项目工期提前或推后对总工期的影响,做出施工总进度的比较方案。确定各方案的工程量,施工强度,分年度投资、物资、劳动力,分期移民情况和实现各方案所必须具备的其他条件等,优选出工期短、投资省、效益高、技术先进、资源需求较平衡的施工总进度方案。

施工总进度的表示形式可根据工程情况绘制横道图和网络图。横道图具有简单、直观等优点;网络图可从大量工程项目中标出控制总工期的关键路线,便于反馈、优化。

(三)主体工程施工

研究主体工程施工是为了正确选择水工枢纽布置和建筑物类型,保证工程质量与施工安全,验证总进度的合理性和可行性,并为编制工程概算提供资料。其主要内容有:

(1)确定主要单项工程施工方案及其施工程序、施工方法、施工布置和施工工艺等。

(2)根据总进度要求,安排主要单项工程施工进度及相应的施工强度。

(3)计算所需的主要材料、劳动力数量、编制需用计划。

(4)确定所需的大型施工辅助企业规模、布置和类型。

(5)协同施工总布置和总进度,平衡整个工程的土石方、施工强度、材料、设备和劳动力。

(四)施工交通运输

施工交通运输包括对外交通和场内交通两部分。

(1)对外交通是指联系施工工地与国家或地方公路、铁路车站、水运港口之间的交通,担负着施工期间外来物资的运输任务。主要工作有以下两点:

1)计算外来物资、设备的运输总量、分年度运输量与年平均昼夜运输强度。

2)选择对外交通方式及线路。提出选定方案的线路标准,重大部件运输措施,桥洞、码头、仓库、转运站等主要建筑物的规划与布置,水陆联运及与国家干线的连接方案,对外交通工程进度安排等。

(2)场内交通是指联系施工工地内部各工区、当地材料产地、堆渣场、各生产区、生活区之间的交通。场内交通须选定场内主要道路及各种设施布置、标准和规模。须与对外交通衔接。

原则上,对外交通和场内交通干线、码头、转运站等,由业主组织建设。至各作业场或工作面的支线,由辖区承包商自行建设。场内外施工道路、专用铁路及航运码头的建设,一般应按照合同提前组织施工,以保证后续工程尽早具备开工条件。

(五)施工工厂设施

施工服务的施工工厂设施主要有:砂石加工、混凝土生产、压气、供水、供电、通信、机械修配及加工等。其任务是制备施工所需的建筑材料，供水供电和压气，建立工地内外通信联系，维修和保养施工设备，加工制造少量的非标准件和金属结构，使工程施工能顺利进行。

1.施工工厂规划布置原则

（1）施工工厂设施规模的确定，应考虑研究利用当地的工矿企业进行生产和技术合作。

（2）厂址宜靠近服务对象和用户中心，设于交通运输和水电供应方便处，力求避免物资逆向运输。

（3）生活区应与生产区分开。协作关系密切的施工工厂宜集中布置。集中布置和分散布置的距离均应满足防火、安全、卫生和环保要求。

2.砂石加工系统

（1）通过分析比较选定料场，确定料场的开采、运输、堆存、筛洗加工、废料处理、设备选择、工艺布置方案等。

（2）拟定系统的生产规模、布置和主要建筑物结构，进行规划性设计。提出土建工程量和所需主要设备等。

3.混凝土生产系统

（1）选定混凝土搅拌系统布置、生产能力与主要设备及出料方式等。

（2）比较并选定生产工艺布置方案（包括混凝土搅拌及制冷系统）。提出选定方案的工艺布置设计，对制冷及加冰系统等应提出必要的容量、技术和进度要求。

4.风、水、电及通信系统

（1）确定压缩空气的最高负荷。选定供风系统规模与分区供风规划、压气厂及主要管线布置。提出压气厂建筑面积及所需主要设备。

（2）确定生产和生活用水规模，选择水源，进行给水工程设计和系统布置，提出工程量、所需主要设备和材料等。

（3）确定施工用电最高负荷。估算年用电量。选定电源、电压及输变电方案、工地发电厂（包括备用电源）及变电站规模和位置。提出场地及建筑面积、工程量及所需主要设备。

（4）选择对外通信方式。提出线路规划、汛期预报通信系统规划和所需主要设备等。

5.机械修配、加工厂

（1）根据所需主要施工机械、运输设备、金属构件等种类及数量，提出修配、加工能力。

（2）选择机械、汽车修配厂、综合加工厂（包括钢筋、木材、混凝土预制构件加工）及其他辅助企业（如钢管加工、制氧、机械、车辆保养场等）的厂址，确定平面布置和生产规模，选定场地和生产建筑面积，提出建厂土建安装工程量和修配加工的主要设备等。

（六）施工总布置

施工总布置方案应遵循因地制宜、因时制宜、有利生产、方便生活、易于管理、安全可靠、经济合理的原则，经全面地系统比较分析论证后选定。

施工总布置一般按以下几方面分区：

（1）主体工程施工区。

（2）施工工厂区。

（3）当地建材开采区。

（4）仓库、站、场、厂、码头等储运系统。

（5）机电、金属结构和大型施工机械设备安装场地。

（6）工程弃料堆放区。

（7）施工管理中心及各施工工区。

（8）生活福利区。

施工分区规划布置原则：

（1）以混凝土建筑物为主的枢纽工程、施工区布置宜以砂石料开采、加工、混凝土拌和、运输、建筑系统为主；以当地材料坝为主的枢纽工程，施工区布置宜以土石料采挖、加工、堆料场和上坝运输线路为主。使枢纽工程施工形成最优工艺流程。

（2）机电设备、金属结构安装场地宜靠近主要安装地点。

（3）施工管理中心设在主体工程、施工工厂和仓库区的适中地段；各施工区应靠近其施工对象。

（4）生活福利设施应考虑风向、日照、噪声、绿化、水源、水质等因素。其生产、生活设施应有明显界限。

（5）主要施工物资仓库、站场、转运站等储运系统一般布置在场内外交通衔接处。

（6）特种材料仓库（炸药、雷管、油料等）应根据有关安全规程的要求布置。

施工总布置各分区方案选定后布置在 1 ：2000 地形图上，并提出各类房屋建筑面积、施工征地面积等指标。

第五节　施工组织设计的类型

施工组织设计一般根据工程规模的大小和施工条件的不同，大致可分为：施工总组织设计、单项工程施工组织设计和分部（分项）工程施工组织设计。

（1）施工总组织设计是以一个水利水电工程项目为对象而编制的。它是整个建设项目施工的战略性部署，涉及范围广，内容较笼统。一般是在初步设计或扩大初步设计批准后编制。

（2）单项工程施工组织设计是以枢纽中的主要工程项目为对象，如大坝、溢洪道、水电站等组成部分进行编制的。它是拟建工程施工的战术性安排，是施工总组织设计的具体化，内容较详细。一般是在技术设计会审后，由施工单位的项目主管工程师负责。

（3）分部（分项）工程施工组织设计是以施工难度较大或技术较复杂的分部（分项）工程为对象，结合施工单位的年度计划编制的。内容较具体详细，又称施工作业计划。

无论编制哪一类型的施工组织设计，都必须抓住重点，突出"组织"二字，对施工中的人力与物力、时间与空间、需要与可能、局部与整体、阶段与全程、前方与后方等都必须给予周密的安排。它不是单纯的技术性文件或经济性文件，而应当是技术与经济相结合的文件，其最终目的是提高经济效益。

第三章　施工总组织设计

第一节　概述

一、施工总组织设计及其作用

施工总组织设计是施工组织设计的重要组成部分，是施工组织设计的总纲。它根据党和国家的方针政策、上级主管部门的指示，从研究整个工程施工的经济效益出发，分析工程特点和施工条件；从工程施工在时间顺序上的合理安排、施工现场在平面和空间上的布置，以及所需劳动力和资源等方面，阐明和论证技术上先进、经济上合理、能确保工期和质量的总的规划布置方案，为保证工程按合理工期组织施工创造前提条件。

在施工组织设计工作中，施工总组织设计最早开始，最晚结束，贯穿全过程。在水工设计初期，施工总组织设计参与坝址、坝型选择，参与选择和评价水工枢纽布置方案；在导流设计中，施工总组织设计配合选择导流方案，对导、截流建筑物的布置，提出指导性的建议；在其他各单项工程施工组织设计中，从拟定可能的方案，经过方案论证、调整、充实和完善等，到得出各项综合技术经济指标的整个过程中，总组织设计工作始终起着指导、配合、协调、综合平衡的作用。同时通过施工组织设计各专业的深入工作，使总组织设计的成果有了可靠的基础。

施工总组织设计，既有技术经济问题，又有方针政策问题；既有承上启下、瞻前顾后配合协调的作用，又有研究和汇总施工组织设计各单项设计成果的责任。施工总组织设计内容丰富，涉及面广，综合性强，其设计成果综合地体现在施工总进度、施工总体布置、施工技术供应等图表上。

做好施工总组织设计工作，对合理选择水工设计方案、提高施工组织设计水平、发展施工技术、提高概预算编制质量、推动水利水电建设管理体制的改革等都有十分重要的意义，对工程投资、建设周期、施工组织、施工质量和施工安全等方面都将产生直接影响。随着我国水利水电事业的不断发展，设计、施工技术水平的不断提高，高坝、大库、大容量的水利水电工程的不断兴建，越来越要求我们重视施工总组织设计工作，不断积累资料，总结经验，努力提高设计水平，以缩短建设周期，提高投资效益。

二、施工总组织设计内容及其相互关系

施工总组织设计内容包括施工总进度、施工总体布置、技术供应等三部分。

施工总进度主要研究合理的施工期限和在既定的条件下确定主体工程施工分期和施工程序，在时间安排上使各施工环节协调一致；施工总体布置根据选定的施工总进度，研究施工区的空间组织问题，是实施施工总进度的重要保证。施工总进度决定了施工总体布置的内容和规模；施工总体布置的规模又影响准备工程工期的长短和主体工程施工进度。因此，施工总体布置在一定条件下又起到验证施工总进度的合理性的作用。技术供应的总量及分年度供应量，由既定的总进度和总体布置所确定，而技术供应的现实性与可靠性，是实现既定的总进度、总体布置的物质保证，从而验证了两者的合理性。

三、施工总组织设计成果

施工总组织设计在各设计阶段有不同的深度要求，其成果组成也有所不同。现将初步设计阶段列入施工总组织设计文件中的主要成果列举如下：

（1）施工准备工程进度表。

（2）施工用地征用范围图。

（3）主要建筑材料需要总量及分年度供应量。

（4）逐年劳动力需用量、最高人数及总工日数。

（5）主要施工机械设备汇总表及分年度供应量。

（6）永久建筑工程和辅助工程建筑安装工程量汇总表。

（7）施工总进度表。

（8）施工总体布置图。

（9）文字报告。按初步设计编制规程和主管部门批准的设计任务书要求编写。

第二节　施工总进度

施工总进度一般按指令性工期或合理性工期编制。其任务主要是分析工程所在地区的自然条件、社会经济资源、工程施工特性和可能的施工进度方案；研究确定关键性工程的施工分期和施工程序；协调平衡其他各单项工程的施工进度，按时建成投产。

一、施工总进度的各设计阶段及其深度

（1）河流规划（坝段选择）阶段。根据已掌握的流域内各坝段的自然和社会条件、各坝段的规划规模、可能的施工方案，参照已建工程的施工指标，拟定轮廓性施工进度规划，匡算施工总工期、初期发电期、劳动力数量和总工日数。

（2）可行性研究阶段。根据工程具体条件和施工特性，对拟定的各坝址、坝型和水工枢纽布置方案，分别进行施工进度的分析研究，提出施工进度资料，参与方案选择和评价水工枢纽布置方案。在既定方案的基础上，配合拟定并选择导流方案，研究确定主体工程施工分期和施工程序，提出控制性进度表及主要工程的施工强度，初算劳动力高峰时的人数和总工日数。

（3）初步设计阶段。根据主管部门对可行性研究报告的审批意见、设计任务书和实际情况的变化，在参与选择和评价枢纽布置方案、施工导流方案的过程中，提出并修改施工控制性进度；对导流建筑物施工、工程截流、基坑抽水、拦洪、后期导流和下闸蓄水等工期要认真分析；对枢纽主体工程的土建、机电、金属结构安装等的施工进度要求其程序合理、平行流水、均衡施工。

在编制单项工程施工进度的基础上，经综合平衡，进一步调整、完善，确定施工控制性进度，并提出施工总进度表及施工强度、劳动力需要量和总工日数等资料。

（4）技术设计（招标设计）阶段。根据初步设计编制的施工总进度和水工建筑物类型、工程量的局部修改，结合施工方法和技术供应条件，进一步调整、提升施工总进度。

在当前建设机制改革和市场经济条件下，大中型水利水电工程建设是通过一系列合同（主体工程施工合同、辅助工程施工合同、物资设备采购合同和各种服务性合同等）实施的。

本阶段的特点是提出一个工序衔接合理、责任划分清楚、合同管理方便、经济效益显著的进度安排。各单项工程施工进度，经调整、修改确定后，据以调整施工总进度。

二、编制施工总进度的方法

（一）收集基本资料

施工总进度编制的合理与否，在很大程度上取决于原始资料的收集是否全面、准确，以及对资料是否进行了充分的分析研究。因此，在编制施工总进度之前和在工作过程中，要不断收集和完善所需的基本资料，主要包括以下几方面内容：

（1）国家规定的工程施工期限或限期投入运转的顺序和日期，以及上级主管机关对该工程的指示文件。

（2）工程勘测和技术经济调查资料。如水文、气象、地形、地质、水文地质和当地建筑材料等自然条件资料，以及工程所在地区和水库库区工矿企业、矿产资源、库区淹没、文物保护、移民安置、地震和环保等资料。

（3）工程的规划设计和预算文件。包括工程的规划设计成果，主要建筑物的设计图纸，国家的投资分配和各项工程定额资料等。

（4）交通运输和技术供应的基本资料。主要包括对外交通运输方式、运输能力和发展情况，劳动力、建筑材料、机械设备等的供应情况，以及施工用电和通信等有关资料。

（5）国民经济各部门对施工期间的防洪、灌溉、航运、过木、供水等方面的要求。

（二）编制轮廓性施工进度

轮廓性施工进度，可根据初步掌握的基本资料和水工布置方案，结合其他专业设计工作，对关键性工程施工分期、施工程序进行粗略的研究之后，参考已建同类工程的施工进度指标，估算工程受益工期和总工期。一般编制方法有以下几方面：

（1）同水工设计人员共同研究选定有代表性的水工方案，并了解主要建筑物的施工特性，初步选定关键性施工项目。

（2）根据对外交通和工程布置的规模及难易程度，拟定准备工程的工期。

（3）以拦河坝为主要主体建筑的工程，根据初拟的导流方案，对主体建筑物进行施工分期规划，确定截流和主体工程的基坑施工日期。

（4）根据已建工程的施工进度指标，结合本工程的具体条件，规划关键性工程项目的施工期限，确定工程受益日期和总工期。

（5）对其他主体建筑物的施工进度进行粗略分析，编制轮廓性施工进度表。轮廓性施工进度在河流规划阶段，是施工总进度的最终成果；在可行性研究阶段，是编制控制性施工进度的中间成果，其目的一是为配合拟定可能的导流方案；二是为了对关键性工程项目进行粗略规划，拟定工程受益日期和总工期，为编制控制性进度做好准备；在初步设计阶段，可不编制轮廓性施工进度。

（三）编制控制性施工进度

控制性施工进度与导流、施工方法设计等专业有密切联系，在编制过程中，应根据工程建设总工期的要求，确定施工分期和施工程序。以拦河坝为主要主体建筑物的工程，还应解决好导流和主体工程施工方法设计之间在进度安排上的矛盾，协调各主体工程在施工中的衔接关系。因此，控制性施工进度的编制，必然是一个反复调整的过程。编制控制性施工进度时，应以关键性工程项目为主线，根据工程特点和施工条件，拟定关键性工程项目的施工程序，分析研究关键性工程的施工进度。而后以关键性施工进度为主线，安排其他各单项工程的施工进度，拟定初步的控制性施工进度表。计算并绘制施工强度曲线，经反复调整，使各项进度合理，施工强度曲线平衡。

以下详细阐明以拦河坝为关键性工程项目时，拟定控制性施工进度的方法。

（1）结合导流方案，确定拦河坝的施工程序，安排导流工程和拦河坝工程的进度，确定截流日期。

（2）计算坝体上升高度和封孔（洞）日期，进而算出各时段的开挖及混凝土浇筑（或土石料填筑）的月平均强度。

（3）安排各单项工程的进度，计算施工强度。要注意避开平面上互相干扰和拦洪蓄水的影响。

（4）安排土石坝施工进度时，考虑利用土料上坝的要求，尽可能使开挖与大坝填筑进度互相配合，充分利用建筑物开挖的土石料直接上坝。

（5）绘制施工强度曲线，并调整使之平衡。

控制性施工进度在可行性研究阶段，是施工总进度的最终成果；在初步设计阶段，是编制施工总进度的重要步骤，并作为中间成果提供给施工组织设计的各有关专业人员，作为设计工作的依据。

完成控制性施工进度的编制后，应基本解决施工总进度中的主要施工技术问题。

（四）编制施工总进度表

施工总进度表是施工总进度的最终成果，它是在控制性进度表的基础上进行编制的，其项目较控制性进度表全面而详细。在编制总进度表的过程中，可以对控制性进度作局部修改。对非控制性施工项目，主要根据施工强度和土石方、混凝土方平衡的原则安排。

总进度表除了应绘制出施工强度曲线外，还应绘制出劳动力需要量曲线，并计算出整个工程的总劳动工日。

三、编制施工总进度的具体步骤

在充分掌握并分析研究原始资料的基础上，通常可按以下步骤进行施工总进度的编制。

（一）列出工程项目

列出工程项目，就是将整个工程中的各单项工程、分部分项工程、各项准备工作、辅助设施、结束工作以及工程建设所必需的其他施工项目等一一列出。对一些次要的工程项目，也可以作必要的合并。然后根据这些项目施工的先后顺序和相互联系的密切程度，进行适当的综合排列，并依次填入总进度表中。总进度表中工程项目的填写顺序一般是：准备工作列第一项，随后列出导流工程（包括基坑排水）、大坝工程及其他各单项工程，最后列出机电安装、水库清理及结尾工作。

各单项工程中的分部分项工程，一般都按它们的施工顺序列出。如大坝工程中可列出基坑开挖、坝基处理、坝身填筑（混凝土浇筑）、坝顶工程、金属结构安装等。在列工程项目时，最重要的是不能漏项。

（二）计算工程量

在列出工程项目后，即依据列出的项目，计算主要建筑物、次要建筑物、准备工作和辅助设施等的工程量。由于设计阶段基本资料详细程度不同，所以工程量计算的精确程度也不一样。当没有做出各种建筑物详细设计时，可以根据类似工程或概算指标匡估工程量。待有了建筑物设计图纸后，应根据图纸和工程性质，考虑工程分期、施工顺序等因素，分别算出工程量。有时根据施工需要，还要算出不同高程（如大坝）、不同桩号（如渠道）的工程量，做出累积曲线，以便分期、分段组织施工。计算工程量通常采用列表方式进行。

（三）草拟各项工程的施工进度

这一步骤是编制施工总进度的主要工作。在草拟各项进度时，一定要抓住关键，合理安排，分清主次，互相配合。要特别注意把与洪水有关、受季节性限制较强的或施工技术复杂的控制性工程的施工进度优先安排好。

对于堤坝式水利枢纽工程，其关键工程一般均位于河床，故施工总进度安排应以导流程序为主线，先将导流工程、围堰截流、基坑排水、坝基开挖、基础处理、施工度汛、坝体拦洪、水库蓄水和机组发电等关键性控制进度安排好，其中还应包括相应的准备工作、结尾工作和辅助工程的进度安排。这样构成整个工程进度计划的轮廓，再将不直接受水文条件控制的其他工程项目配合安排，即可拟成整个枢纽工程的施工总进度计划方案。

必须指出在草拟控制性进度时，对于围堰截流、蓄水发电等一些关键项目，一定要进行认真的分析论证，在技术措施、组织措施等方面都应该得到可靠的保证。不然延误了截流时机，或者影响了发电计划，将会对整个工期产生巨大的影响，最终造成巨大的国民经济损失。

对于引水式水电工程，引水建筑物的施工期限是控制施工总进度的关键，则总进度计划应根据引水建筑物的施工特点进行安排，其他项目的施工进度再与之配合。

（四）论证施工强度

在草拟各项工程的施工进度时，必须根据工程的施工条件和施工方法，对各项工程的施工强度、特别是起控制作用的关键性工程的施工强度，要进行充分论证，使编制的施工总进度有比较可靠的依据。

论证施工强度一般采用工程类比法，即参考已建的类似工程所达到的施工水平，对比本工程的施工条件，论证进度计划中所拟定的施工强度是否合理可靠。

如果没有类似工程可供对比，则应通过施工设计，从施工方法、施工机械的生产能力、施工的现场布置、施工措施等方面进行论证。

在进行论证时不仅要研究各项工程施工期间所要求达到的平均施工强度，而且要估计到施工期间可能出现的不均衡性。因为水利水电工程施工，常受各种自然条件的影响，如水文、气象等条件，在整个施工期间，要保持均衡施工是比较困难的。

（五）编制劳动力、材料、机械设备等需要量

根据拟定的施工总进度和定额指标，计算劳动力、材料、机械设备等的需要量，并提出相应的计划。这些计划应与器材调配、材料供应、厂家加工制造的交货日期相协调。所有材料、设备尽量均衡供应，这是衡量施工总进度是否完善的一个重要标志。

（六）调整和修改

在完成初拟施工进度后，根据对施工强度的论证和劳动力、材料、机械设备等的平衡，就可以对初拟的总进度做出评价：它是否切合实际、各项工程之间是否协调、施工强度是否大体均衡、特别是主体工程要大体均衡。如果有不尽完善的地方，及时进行调整和修改。

以上总进度的编制步骤，在实际工作中不能机械地划分，而是要相互联系，经过多次反复修正，才能最后完成。在施工过程中，随着施工条件的变化，施工总进度还会不断调整和修正，用以指导现场施工。

第三节　施工总布置

施工总布置是施工组织设计的主要组成部分，它以施工总布置图的形式反映拟建的永久性建筑物、施工设施及临时设施的布局。施工总布置应充分掌握、综合分析枢纽工程布置，主体建筑物规模、类型、特点、施工条件和工程所在地区社会、自然条件等因素，合理确定并统筹规划布置施工设施和临时建筑，妥善处理施工场地内外关系，以保证施工质量、加快施工进度、提高经济效益。

一、施工总布置的原则、步骤和基本资料

（一）施工总布置的原则

（1）施工临时设施与永久性建筑，应考虑相互结合、统一规划的可能性。

（2）确定施工临建设施及其规模时，应研究利用已有企业作为施工服务的可能性与合理性。

（3）主要施工设施和主要辅助企业的防洪标准应根据工程规模、工期长短、水文特性和损失大小进行分析论证。

（4）场内交通规划必须满足施工需要，适应施工程序、工艺流程。全面协调单项工程、施工企业、地区间交通运输的连接与配合。力求使交通联系简便，运输组织合理，节省工程投资，减少运营费用。

（5）施工总布置应紧凑、合理，节约用地，并尽量利用荒地、滩地、坡地，不占用或少占用农田。

（6）施工场地布置应避开不良地质区域、文物保护区域。

（二）施工总布置的步骤

（1）收集分析整理资料。

（2）编制临建工程项目单及规模确定。

（3）施工总布置规划。

（4）分区布置。

（5）场内交通规划布置。

（6）方案比较。

（7）修正完善施工总布置并编写文字说明。

（三）编制施工总布置所需基本资料

（1）当地国民经济现状及其发展规划。

（2）可为施工服务的建筑、修配、运输、加工制造等企业的规模、生产能力及其发展规划。

（3）现有水陆交通运输条件和通过能力及其远、近期发展规划。

（4）水、电以及其他动力供应条件。

（5）邻近居民点、市政建设状况和规划。

（6）当地建筑材料及生活物资供应情况。

（7）施工现场土地状况和征地有关的问题。

（8）工程所在地区行政区划图、施工现场地形图、主要临时工程剖面图，三角水准网点等测绘资料。

（9）施工现场范围内的工程地质与水文地质资料。

（10）河流水文资料、当地气象资料。

（11）规划、设计各有关专业的设计成果及中间资料。

（12）主要工程项目定额、指标、单价、运杂费等资料。

（13）当地有关部门对工程施工的要求。

（14）施工场地范围内的环境保护和文物保护要求。

二、施工总布置分区规划

（一）工区划分

对于大、中型水利水电工程，可按以下分区：

（1）主体工程施工区。

（2）施工辅助企业区。

（3）当地建材开采区。

（4）仓库、站场、码头、转运站等储运系统。

（5）机电、金属结构和大型施工机械设备安装场地。

（6）工程弃料堆放区。

（7）施工管理中心及各施工工区。

（8）生活福利区。

各分区之间应以场内交通为纽带，能适应整个工程施工进度和工艺流程的要求，在布置上尽可能协调统一，便于管理。

（二）分区规划布置原则

（1）以混凝土建筑物为主的枢纽工程，施工区布置宜以砂石料开采、加工、混凝土拌和、浇筑系统为主；以当地材料坝为主的枢纽工程，施工区布置宜以土石料开采、加工、堆料场和上坝运输线路为主，使枢纽工程施工形成最优工艺流程。

（2）机电设备、金属结构安装场地宜靠近主要安装点。

（3）施工管理中心宜设在主体工程、辅助企业和仓库区的适中地段；各施工区应靠近各施工对象。

（4）生活福利设施应考虑风向、日照、噪声、绿化、水源水质等因素，其生产、生活设施应有明显界限。

（5）特种材料仓库（炸药、雷管、油库等）应根据有关安全规程的要求布置。

（6）主要施工物资仓库、站场、转运站等储运系统一般应布置在场内外交通衔接处。

（7）弃渣地点应选在施工场地的滩地、沟谷等处。

（三）分区规划方式

根据工程特点、施工场地的地形、地质、交通条件、施工管理组织形式等，施工总布置一般除建筑材料开采区、转运站及特种材料仓库外，可分为集中式、分散式和混合式三种基本方式。

（1）集中式布置。集中式布置的基本条件是枢纽永久性建筑物集中在坝轴线附近，坝址附近两岸场地开阔，可基本上满足施工总布置的需要，交通条件比较方便，可就近与铁路或公路连接。因此，集中布置又可分为一岸集中布置和两岸集中布置这两种方式，但其主要施工场地选择在对外交通线路引入的一岸。我国黄河龙羊峡水利枢纽是集中一岸式布置，而青铜峡、长江葛洲坝、汉水丹江口是集中两岸式布置的实例。

（2）分散式布置。分散式布置有两种情况：一种情况是枢纽永久性建筑物集中布置在坝轴线附近，坝址位于峡谷地区，地形狭窄，施工场地沿河的一岸或两岸冲沟延伸，因此常把施工临时设施根据场地情况，将密切相关的项目靠近坝址布置，其他项目依次远离坝址。我国新安江、上犹江水利枢纽就是因为地形狭窄而采取分散式布置的实例。另一种情况是枢纽建筑物布置分散，如引水式工程主体建筑物施工地段长达几公里甚至几十公里，因此常在枢纽首部、末端和引水建筑物中间地段设置主要施工工区，负责该地段的施工，合理选择布置交通线路，妥善解决跨河桥渡位置等，尽量与其组成有机整体。我国鲁布革水利枢纽就是因为枢纽建筑物布置分散，而采用分散式布置的实例。

（3）混合式布置。混合式布置有较大的灵活性，能更好地利用现场地形（斜坡、滩地、冲沟等）和不同地段的场地条件，因地制宜选择内部施工区域划分。以各区的布置要求和工艺流程为主，协调内部各生产环节，就近安排职工生活区，使该区组成有机整体。黄河三门峡水利枢纽工程，就是因坝区地形特别狭窄，而采用混合式布置。把现场施工工区和辅助企业、仓库及居住区分开布置，将施工临时设施，第一线布置在现场，第二线布置在远离现场17千米的会兴镇后方基地，现场与基地间用准轨铁路专线和公路连接。此外，刘家峡、碧口等枢纽工程也是混合式布置的一些实例。

（四）分区的具体布置

在施工场地分区规划以后，进行各项临时设施的具体布置。包括场内交通线路，施工辅助企业，其他临时设施，风、水、电系统布置及永久性建筑物施工区的布置等。

1. 分区布置顺序

（1）当对外交通采用标准轨铁路和水运时，首先确定车站、码头的位置，其次布置场内交通干线、辅助企业和生产系统，再次沿线布置其他辅助企业、仓库等有关临时设施，最后布置风、水、电系统及施工管理和生活福利设施。

（2）当对外交通采用公路时，应与场内交通连接成一个系统，再沿线布置辅助企业、仓库和各项临时设施。

2. 分区布置需考虑的事项

（1）对外交通的铁路车站或汽车站应布置在施工现场的入口附近，并与坝址相隔适当距离，以便调整线路，适应施工高程较大变幅的需要，避免压缩场地，也便于出线通向全场而不产生反向运输。

（2）场内运输道路布置时，应先铁路后公路，先干线后支线，先永久后临时，先运输量大的后运输量小的，先低部位后高部位。

（3）混凝土系统，包括混凝土搅拌厂、水泥仓库、砂石料堆场、外加剂间、掺和料间、修配间、配电室、制冷厂、空压站等，应布置在主要建筑物附近。

（4）破碎筛分和砂石筛分系统，应布置在采石场、砂石料场附近，以减少废料运输。若料场分散或受地形条件限制，可将上述系统布置在主要建筑物附近，尽量靠近混凝土搅拌系统。

（5）制冷厂主要任务是供应混凝土建筑物冷却用水、骨料预冷用水、混凝土搅拌用冷水和冰屑。冷水供应最好采用自流方式，输送距离不宜太远，以减少提水加压设备和冷耗。制冷厂的位置应布置在混凝土建筑物和混凝土系统附近的适当地方。

（6）钢筋加工厂、木材加工厂、混凝土预制构件厂，三厂统一管理时称综合厂。其位置可布置在第二线场地范围内，要具备有运输成品和半成品上坝的运输条件。

（7）机械修配厂、汽车修配厂是为工地机械设备和汽车修配、加工零件服务的。它的服务面广，有笨重的机械运出运入，占地面积较大，以布置在第二线或后方为宜，且靠近工地交通干线。

（8）金属结构、机电设备安装基地，是直接为主体建筑物加工制造和供安装用的成品或半成品的企业，可在主体工程施工一段时间后再开始工作。它所加工制造或安装的成品及半成品，有重大的部件，对运输车辆和运输重量有特殊要求。因此，运输上坝的距离宜近勿远。如果前方场地条件许可，应布置在前方，当布置在后方时，前方应设拼装间，此时，必须研究重大部件的运输问题。

（9）空压站主要供风对象是基坑和两岸石方开挖的钻孔设备及混凝土振捣设备。为减少风量和风压损失，以供风管道长度不超过 500m 为宜。主要空压站设在坝址两岸空气洁净的较高位置，纵向围堰下段是设置空压站的适宜地方。需要压缩空气的其他辅助企业，可在企业内部或附近另设空压站。

（10）供电系统。当电源是外来高压供电系统时，变电站位置应靠近负荷中心；如工地自发电时，要考虑燃料和循环冷却水供应是否方便，尽量减少烟囱排放粉煤灰对机械设备的影响。电站位置应靠近铁路或公路，并在施工企业和生活区的下风向。

（11）供水系统。生产用水主要服务对象是砂石筛分系统、电厂、制冷厂、混凝土系统等，根据水源和取水条件、水质要求、供水范围和供水高程，合理布置。

（12）修钎厂布置在石方开挖地点，靠近空压站处。

（13）制氧厂具有爆炸的危险性，应布置在安全地区。

（14）机械供应基地、汽车基地是保养维修企业，可布置在第二线或后方适当地方，并与机械修配厂、汽车修配厂接近。为了前方施工和运输方便，前方应设保养场所。

（15）基建基地，它是为全工地房屋建筑和维修服务的，应布置在第二线或后方生活区的适当地点。

（16）砂石堆场、钢筋仓库、木材堆场、水泥仓库等都是专为企业储备、供应材料的，储存数量大，并与企业生产工艺有不可分割的关系，因此，这类仓库和堆场必须靠近它所服务的企业。

（17）钢材仓库、五金工具、化工制品仓库、机械仓库、机械配料仓库、机械停放场、煤炭堆场等，是为多种企业的运行和修配服务的，这些仓库、堆场应布置在所服务企业的适当位置。

（18）储量大而且对防雨、防潮、防尘等没有严格要求的器材、设备，可采用露天堆存，如砂石料、原木、煤炭等。对于钢材、钢筋、木材成品或半成品等应采用棚式仓库储存。对于防潮、防尘要求较高的器材，如水泥、机电设备、机械配件、电工仪表等应用封闭式仓库储存。

（19）具有爆炸性、易燃的物资，如炸药、雷管、油料等，必须进行特殊处理，存储在不危害企业和住宅安全的地区，且采用地下式或油罐储存。

（20）当对外运输采用准轨铁路时，水泥、钢材、原木、机械、煤炭、油料等仓库或堆场都应布置在铁路附近，并有适当装卸线和装卸设备的地区。其他物资如铁路不便通过时，应具备公路运输条件。

（21）水运码头以布置在坝下游为宜。但必须考虑河水流速、水位和河道的地形条件，并应注意导、截流之后的水流冲刷和淤积的影响。

（22）工程局是工程施工的指挥机关，应布置在施工现场的适中点，便于对整个工地的施工管理。工地前线还应设调度室。职工及家属生活区应利用冲沟、坡地、山岗等，以分区集中布置为宜。

三、场内交通规划布置

场内交通规划主要是正确选择运输方式，合理布置线路，施工时确定过坝运输方式等。场内交通又是联系施工工地内部各工区、当地材料产地、堆渣场、各生产、生活区之间的交通。因此，交通道路的规划布置，必须有利于生产，方便生活，安全畅通。

（一）交通运输规划所需的基本资料

1.准轨铁路方面

（1）拟与接轨的铁路线及其车站的技术资料、车流情况、运输能力、机车、车辆修理设施规模。

（2）现有桥梁、隧道的通过极限。

（3）当地铁路有关部门对该地区的铁路规划和接轨要求。

2.公路运输方面

（1）工程附近可利用的公路情况，如路况、等级标准、公路纵坡、路面结构、宽度、最小平曲线半径、昼夜最大行车密度等。

（2）桥、隧道及其他建筑物设计标准、跨度、长度、结构、通行能力、最大装载限制尺寸等。

（3）公路运输有关承运单位能力及费率。

3. 水路运输方面

（1）通航河段、里程、船只吨位、吃水深度、船形尺寸，年运输能力，码头吞吐能力及航运有关费率等。

（2）利用现有码头的可能性及新建专用码头的地点和要求。

（3）有关部门对航运的要求。

（二）场内运输的特点

（1）运输方式多样性。场内物料运输是由多种运输方式联合实现的，运输方式有陆运的，也有水运的；有水平的，也有垂直的。对于不同的施工方法，不同的分区布置，不同的物料，有多种方式与之相适应，因此，要注意运输方式的选择和运输组织设计。

（2）物料品种多、运输量大、运距短。场内运输物料不但有各种外来物资器材，还有各种辅助企业产品、自采材料及各种工程弃料；不仅有物料运输，还有人流运输。运输组织复杂，车型多，运输量大。场内运输受施工场地限制，运距短，运输效率低。

（3）场内交通的临时性。场内交通线路随工程施工的结束，大部分都失去使用价值，所以在确定线路等级、标准时，应予充分考虑。

（4）对运输保证性要求高。水利水电工程有明显的季节性、时间性，要求运输能充分保证达到要求，因此线路应有合适的标准。对运输强度要求，应能安全、可靠地满足施工需要（正常施工时应满足年、月运输强度，截流抢险时应满足旬、日运输强度）。

（5）运输不均衡。场内运输强度受施工进度影响，运输物料品种受施工安排影响，具有明显的时间性，一般很难实现均衡运输。高峰运输强度出现在施工高峰阶段，而不同的施工阶段，场内各路段上的运输量也是不均衡的。

（6）物料流向明显，车辆单向运输。场内运输是为工程施工服务的，物料流向受工艺布置影响，一般可分为施工需要的材料、机具和工程弃料两种物料流，流向较明确。由于物料集散点不同，物料种类和质量要求不同，很难实施重复运输，单向运输的特点突出。

（7）个别情况允许降低标准。施工现场地形比较复杂，且必须在有限范围内达到较高的场地，因此可采用线形设计、纵坡设计，在某些困难情况下，允许降低标准。在运输组织时，有时也允许不按正常规定运行（如机车倒行、推车运行），但必须有适当的安全措施。

（三）场内运输方式

场内运输方式分水平运输方式和垂直运输方式两大类。垂直运输方式和永久性建筑物施工场地布置、各生产系统内部运输组织等，一般由各专业施工组织设计考虑。场内交通规划主要考虑场区之间的水平运输方式。水利水电工程常采用公路和铁路运输作为场内主要的水平运输方式。

1. 公路运输

（1）公路运输特点：公路线路布置无须宽阔平坦的地形，可以在地面横坡大于30°的情况下布置线路；爬坡能力高，容易进入施工现场；便于联系高差大、地形复杂的施工场地。公路运输可以达到较高的运输量，随着车辆载重吨位的不断提高，其运输能力将不断增大。因此，公路运输方式具有方便、灵活、适应性强和运输量大的优点。

（2）场内公路分类：

1）生产干线。各种物料运输的共同路线或运输量较大的路段。

2）生产支线。各种物料供需单位与生产干线相连接的路段，多为单一物料的运输线路。

3）联络线。物料供需单位间的分隔路段或经常通行少量工程车辆和其他运输车辆的路段。

4）临时线。料场、施工现场等内部运输路段。

（3）场内公路行车密度：场内公路根据车辆密度，可达到的年运输量分为三级。

（4）公路超限标准条件：为保证公路运输可靠、安全、快速运行，场内公路一般按一定的等级和标准修建，但以下几方面情况，允许在个别路段采用超限标准：

1）工程艰巨路段，可以将双车道改为单车道或加大纵坡，减小平曲线半径，以减少工程量。

2）在高差大、范围小的路段，可以减小平曲线半径，加大纵坡，以求在限定范围内达到较大高差。如下基坑道路和土坝坝坡公路。

3）仅在较小范围内使用，或在交通量很小的联络线上，可采用超限标准。如通往施工变电所的公路、上缆机平台的公路等。

在采用超限标准时，最小平曲线半径为15米，干、支线上最大纵坡为9%～12%。采用超限标准是以降低行车速度，增加行车困难，加大行车风险，降低车辆寿命，减少装载量，增加临时堵车为代价的，因此应经反复论证后才允许采用，并需采取适当的安全措施。一般在生产干线、支线上不宜采用超限标准。

2. 铁路运输

（1）铁路运输特点。铁路站、铁路线占地面积大，且要求在较为平坦、顺直的场地上修建。铁路爬坡能力差，难于到达高差较大的施工场地。在以铁路运输为主时，还必须有其他运输方式相互配合和补充。铁路线路工程量大，一次投资高，施工技术复杂，施工工期较长，不能很快投入运行。但铁路运输量大，可靠性好，运行耗能少，运营费用低。

（2）场内铁路分类

1）生产干线。大量外来物资、场内企业产品运输的共用线路，大量自采材料、工程弃料等运输的固定线路。

2）生产支线。生产干线通往企业、仓储系统的固定线路。

3）站场线。工地货场、车站内部的线路。

4）移动线。料场、弃渣场内经常迁移的线路。

3. 其他运输

包括水路、胶带机或架空索道等运输方式。

（1）水路运输。需要有较好的通航条件和河岸条件。由于受截流工程和拦洪蓄水等影响，水路运输有明显的局限性，一般不作为场内主要运输方式。而且山区河流水流湍急，水位落差大，礁石多，不宜采用水运方式。水运成本低，但需较大规模的码头、仓库，运输损耗大，可靠性差。

（2）胶带机运输。占地面积小，线路布置容易，灵活可靠，适宜于上坡不大于25°、下坡不大于10°的松散材料的短途运输，运距一般为几十米至几百米，有时可达上千米。运输效率视型号、胶带宽度、胶带速度、胶带长度、物料种类及粒径等各异，运输能力大，运输费用低。水利水电工程常用胶带机作为辅助运输方式，运送土、石料填筑土石坝体、砂砾石料、骨料及混凝土料等。

（3）架空索道运输。不受地形和宽阔障碍物的影响，爬坡能力大（可达35°），占地少，工程量小，建设速度快。适宜于装卸地点固定的松散物料或单件重量较小的机具、器具的运输。运输量单线可达150吨/h，双线为100~250吨/h。但初期投资大，设备维修困难，运输可靠性差，一般只作为辅助运输方式，用于运送土、石料、骨料等。根据维修和管理的需要，一般在沿线要修一条简易公路。

（四）场内运输方式选择

场内物料运输是由多种运输方式联合作业，共同完成的。特别是主要运输方式，它担负着绝大多数生产企业的物料运输工作量。因此，主要运输方式的选择是场内交通规划的关键环节，必须周密考虑，并结合其他专业的施工设计，反复协调，才能选定技术上可行，经济上合理的运输方式。

场内运输方式的选择，取决于各种运输方式本身的特点。如场内物料运输量、运距、物料特点、对外运输方式、场地分区布置和地形条件、施工方法、工艺布置、设备来源，以及线路修建速度、工程量等因素。

一般认为标准轨距铁路和公路运输都能达到较高的运输强度，能适应各种物料和各种条件的运输，可靠性高，可以同时或单独作为主要运输方式。由于公路比铁路灵活，装卸方便，适应性更强，所以在水利水电工程施工中应用得更加广泛。窄轨铁路常用于运输量大的自采材料或混凝土料，在运距较大，地形条件合适的情况下，可以作为主要运输方式，也可作为辅助运输方式。

在选择主要运输方式时，要特别考虑以下 3 点：

（1）选定的运输方式除应满足运输量之外，还必须满足运输强度和施工工艺的要求。

（2）场内外运输方式尽可能一致，场内运输尽量接近施工和用料地点，减少转运次数，使运输和管理方便。

（3）辅助运输方式担负其主要运输方式不能到达的地点、不适宜装载的物料以及运输量少的工作。它有时与主要运输方式平行作业，有时与主要运输方式处于同一生产运输线上，完成同等的运输量。因此，在选择主要运输方式的同时，对辅助运输方式的选择及其与主要运输方式的配合衔接应给予足够的重视。

（五）公路、铁路线路布置

1. 线路布置原则

（1）场内生产干线与对外交通线路衔接畅通，使外来物料能直接运送至需要地点或工场仓库。具体布置时应先外后内，先铁路后公路。

（2）场内生产干、支线系统应尽量方便物资运输及装卸，并与主要物料流向一致，做到大宗客货流的运输路线最短。

（3）生产干线应避开地方居民点、职工生活福利区，不穿行辅助企业和施工现场，并距企业出入口、外墙、场地边缘、危险品仓库等设施有一定距离。保证主要生产干线避免平面交叉，以保证运输安全。

（4）主要干、支线尽量成环形系统，使场内交通有较大的灵活性。

（5）正确选择联系两岸的桥渡位置、地形地物控制点，利用地形合理布局，使基建工程量最小，投资最省。

2. 公路线路布置

（1）确定线路走向

1）在画有分区布置的地形图上，标明两岸联系的桥渡位置、地形、地物、地质上的控制点，如垭口、滑塌区、对外交通线进入场区位置等。

2）将运输量大、流向基本一致的供需单位和必经、必绕的控制点，按工艺布置的首尾顺序和物料流向用一条或几条线路联系起来，制定不同的干、支线布置方案。

3）用支线、联络线将其他各供需单位与上述干、支线相联系。

（2）图上定线

1）根据线路走向和等级标准，用一定的平均坡（三级用小于5%，二级用4%，一级用3%，有大量自行车的路段实际坡不大于4%）先在地形图上定线。

2）按路段量出图上线路长度，切纵剖面作纵剖面设计，切典型横剖面，计算工程量。

3）确定大、中、小桥及涵洞工程量。

（3）线路测设

1）公路线路经实地测设最后定线。一般实地测设在线路比选后，按选定方案的线路和走向进行，必要时经过图上移线和补测，完成线路设计，并计算出工程量。

2）实地测定线路各转角点的坐标值，将线路画到分区布置图上。

3. 铁路线路布置

铁路的平面、纵剖面要求高，在施工场地总平面布置时，一般优先考虑铁路线路的技术要求，留有余地，并在线路布置和设站的同时，调整并修正施工场地的分区布置。

（1）场内铁路布置方式

根据地形条件，场内铁路布置方式基本有以下四种：

1）单、复线直通式布置。适用于场地狭窄的工程。土石坝的土、石料运输，混凝土料的砂、石骨料运输，拌制混凝土料上坝的运输等。在运输量不大时，采用单线。若运距较远，可在适当位置设避让站，以提高运输能力，必要时可布置复线。

2）尽头式布置。适用于场地面积较小、运输量小的工程。布置较简单，能连接具有一定高差的场地。

3）通过式布置。适用于场地面积大、运输量大的工程。

4）弧形式布置。适用于场地开阔、运输量大的工程。能组织流水作业，高度简单，车站咽喉处无对流交叉，但超越行驶距离大。

（2）场内铁路线路布置。

1）根据场地的特点和分区布置的设想方案，决定布置方式。

2）根据工地地形、地貌、地质上必须或必绕的制约点布置。

3）确定各线路拟达到的主要供需单位。

4）按地形及分区布置顺序，决定线路走向。

5）在地形图上研究线路的具体布置方案，必要时进行草测。以制定方案比较时所需要的工程量。

6）实地测设定线。

4. 两岸交通桥渡位置选择

跨河桥渡位置是场内交通线路的重要控制点，在施工中起着重要的保证作用，因此，应重点研究，妥善处理。

（1）建桥位置选择

1）服从生产干线的总方向，并满足线路的一般要求。

2）两岸有较好的岩层条件，避开溶洞、滑塌等不良的地质、水文地质地段。

3）考虑主河流及较大支流在施工导流、泄洪等不同水力条件下河道的变化，把桥位选在其影响范围以外，或采取相应措施以不阻碍水流、不抬高尾水位为宜。

4）考虑施工方便，两岸联系快捷，距离施工区既近又满足安全要求，并避免干扰。根据实践经验，桥址选在坝轴线下游 1～2 千米为宜。

5）桥位选在河道顺直、水流稳定、河槽较窄的河段上；桥轴线尽量垂直高水位主流方向，避开支流汇合处及回流、浅滩等水流不稳定的河段。

6）满足通航要求。桥位选择要与桥型选择相结合。

（2）渡口位置选择

1）在满足两岸运输强度的条件下，可选择渡口形式作为临时或永久的两岸联系方式。

2）对于山涧河谷水位骤涨骤落幅度较大，低水位水深不能过渡的河段，没有合适地形以修建不同水位码头的河段，都不宜作为渡口位置。

3）河道流速一般不大于 1～3m／s 的河段。

5. 场内运输方案比较

（1）方案比较步骤

1）制定运输方案。运输方案应包括的内容：①运输方式选择及其联运时的相互衔接，设备及其数量；②运输量及运输强度计算，物料流向分析；③选定运输方式的线路等级、标准及线路布置；④与选定方式有关的设施及其规模；⑤运输组织及运输能力复核。

2）计算各方案技术经济指标。

3）对各方案进行综合技术、经济评价、选取最优方案。

（2）方案比较项目。

1）主要基建工程量。

2）运输线路的技术条件。

3）主要设备数量及其来源情况。

4）主要建筑材料需用量。

5）能源消耗量。

6）占地面积。

7）基建时间。

8）与生产或施工工艺衔接、对施工进度保证情况。

9）直接及辅助生产工人数、全员数。

10）运输安全可靠性，工人劳动条件。

11）基建费和运营费。

12）其他项目。

（3）经济效果评价

1）主要步骤。①计算主要工程项目的建筑工程量；②计算主要交通设备的购置量；③计算运输工程量；④确定基建费用单价、运营费单价和装卸费单价；⑤计算各方案总费用，进行比较。

2）评价方法。基建费和运营费之和小者为经济上优选的方案。

四、施工辅助企业及设施布置

施工辅助企业及其他设施布置的任务是：根据工程特点、工程规模以及施工条件，确定辅助企业及其他设施的设置项目；根据施工总进度和拟定的施工方法估算生产规模，估算建筑面积和占地面积，确定其平面布置位置。

（一）项目设置

大、中型水利水电工程的施工辅助企业一般设置的项目有：

（1）混凝土拌和系统。

（2）砂、石料开采加工系统。

（3）综合加工厂（包括混凝土预制构件厂，钢筋加工厂、木工加工厂）。

（4）汽车修配厂及汽车保养系统。

（5）机械修配厂。

（6）压缩空气系统。

（7）制氧厂、修钎厂、轮胎翻修车间。

（8）机电设备及金属结构安装场地。

（9）施工供电系统。

（10）施工给水系统。

（11）制冷、供热系统。

（12）施工通信系统。

施工辅助设施一般设置的项目有：

（1）消防站。

（2）工地实验室。

（3）工地值班室。

（4）水文气象站。

（5）其他生产设施。

（二）布置步骤及注意事项

1. 布置步骤

（1）辅助企业项目设置确定后，应初步考虑其内部组成。

（2）根据工程量及施工总进度计划，估算生产规模，并据此估算其建筑面积与占地面积。

（3）根据施工场地分区布置规划、地形、地质条件及供水供电情况，按分区布置工作顺序研究各主要辅助企业的各种可能布置位置。

（4）根据物流方向、运输线路及运输工作量等，初步比选主要辅助企业的布置位置。

（5）考虑其他辅助企业及设施与主要辅助企业的关系，初步选定布置位置。

（6）配合协调各辅助企业设计，根据其成果对估算的建筑面积、占地面积进行必要的修正，并将其最终的布置位置，绘制在施工总布置图上。

2. 注意事项

（1）混凝土拌和系统尽量集中布置，并靠近混凝土工程量集中的地点。距浇筑点最远的距离应满足混凝土运输入仓的时间要求；最近距离则应满足运输线路的布置和安全要求。一般大约在 200～800m 之间。

（2）砂、石料加工系统应尽量靠近料场，并选择水源充足、运输及供电方便、有足够堆料场地和适当坡度而便于排水、清淤的地段。

（3）空压机站、修钎厂宜分散布置在石方开挖集中的地点或其他通风地点附近。

（4）综合加工厂最好相邻布置，并靠近主体工程施工处，有条件时可与混凝土系统相邻布置。

（5）机械修配厂、汽车修配厂、汽车保养厂宜相邻布置，以利于共用加工修配力量。其位置宜选在后方较平坦、宽阔、交通方便的地段。如采用分散布置时，宜分别靠近使用机械、车辆的工段。

（6）低压变电站或自备电厂宜布置在负荷中心附近。

（7）施工供水尽量集中。选择水质、水量满足要求，且靠近主要用水地点，并使干管总长度最短。如用水地点分散，可采用多水源分区供水的方式。

（8）有条件时将比较固定的且难以迁建的辅助企业，如机械修配厂、汽车修配厂、金属结构加工制作等，尽量布设于基地，既可以为工程服务又可以为社会服务。

（9）机电设备、金属结构安装场地宜靠近主要安装地点，也可直接布置在永久设备仓库内，以便共用库房、起重设备和场地。

（10）凡对空气、水源有污染的企业，有噪声、振动的企业，布置时应考虑环境保护的要求。

（11）氧气厂宜布置在空气洁净而偏僻的地方。

（三）建筑面积及占地面积估算

施工辅助企业及设施的建筑面积及占地面积的估算，基本上有以下三种方法：

（1）按工程规模或生产规模参考已建工程类比估算。

（2）按综合指标估算。

（3）根据施工强度及设备选型、工艺布置分项详算。

五、仓库系统布置

仓库系统设计的基本任务是：实行科学管理，确保物资器材安全完好，并及时准确地把物资器材供应给使用单位。同时，要求以最少的费用达到最好的经济效果。仓库系统设计中应解决以下几方面的问题：

（1）选定仓库位置和布置方案。

（2）确定各类仓库面积和结构。

（3）确定各种材料在仓库中的储备数量。

（4）选定仓库的装卸设备和仓库建设所需要材料的数量等。

（一）仓库分类

1.按功能划分

（1）基地仓库（又叫中心仓库）。它储存的是整个工地统一调配使用的物料和一些运入工地后较长时间才开始使用的物料，目的是集中保管。

（2）工区仓库。此种仓库只储存一个工区所需要的物资器材。

（3）现场仓库。此种仓库设置于施工现场，为一个建筑物或一部分工程服务，用以储存零星器材和工具。

（4）施工辅助企业仓库。只储存本企业用的材料及生产的成品或半成品。这种仓库是企业生产工艺要求所需要的，是企业的组成部分。

（5）专业仓库。只储存一种材料或特殊材料，如水泥、油料、炸药等。

（6）转运仓库。外来物资、器材、设备在运抵工地前运输方式发生变化，设置转运站，负责装卸、临时保管和转运工作。当距工地较远时，应按独立系统设置仓库、道路、管理及生活福利等附属设施。

2.按储存物料性质划分

按储存物料的性质划分可分为水泥仓库、钢材仓库（场）、木材仓库（场）、配件仓库、设备仓库、电料仪表仓库、化工材料仓库、油库、五金仓库、劳保用品仓库、炸药仓库和施工机械存放场等。

3.按仓库结构划分

（1）露天式。储存一些量大、笨重与气候无关的物资、器材，如砂、石骨料、砖、木料、煤炭等。

（2）棚式。这种仓库有顶无墙，能防日晒、雨淋，但不能挡风沙。主要储存钢筋、钢材、某些机械设备等。还有因体积大、重量大不能入库的大型设备，可采取就地搭棚保管。为防止火灾，房顶不能用茅草、油毡等易燃物搭建。棚顶高度应不低于4.5m，以便搬运和通风。

（二）仓库面积计算

仓库中各种材料储存量应根据施工条件、供应条件和运输条件确定。如施工和生产受季节影响的材料，必须考虑施工和生产的中断因素；依靠水运的材料则需考虑洪、枯水和严寒季节中影响运输的问题，储量可以加大些；同时要考虑供应制度中有的材料要求一次储备的情况。

（三）仓库系统的布置原则

（1）仓库系统的布置，应符合国家有关安全防火等规定。

（2）大宗建筑材料应直接运往使用地点堆放，以减少施工现场的二次搬运。

（3）应有良好的交通运输条件，以便器材、设备的进库、出库。

（4）仓库系统应布置一定数量的起重装卸设备，以减轻工人的劳动强度。

（5）服务对象单一的仓库，可靠近所服务的企业或施工地点；服务于较多的企业和工程的中心仓库，可布置在对外交通线路进入施工区的入口附近。

（6）易燃、易爆材料仓库应布置在远离其他建筑物的下风处，并满足防火间距的要求。

（四）仓库系统的装卸作业

1. 仓库装卸作业方式的选择

（1）应根据物资特性、货运强度、储存方式、储存场地的地形条件、装卸机械供应条件，合理选择装卸作业方式。

（2）尽量减少装卸作业环节，装卸作业各环节的不同类型机械的装卸能力，要相互适应，保证装卸作业的连续性。

（3）尽可能选择效率高的装卸机具，以缩短装卸时间。

（4）装卸机具尽可能选择一机多能的高效轻型机械。

（5）装卸作业方式应与仓库内部作业情况、工作关系、相互距离及装卸作业的要求相适应。

2. 装卸设备

各种起重设备，如汽车式起重机、轮胎起重机、铁路起重机、少先式起重机、固定旋转式起重机、门座式起重机、装载机、带式输送机、叉车及气动泵等均可作为仓库系统的装卸设备。

六、施工管理及生活福利区布置

（一）居住建筑的布置

（1）居住建筑应根据场地的自然条件，可以分散布置在各自的生产区附近或相对集中布置于离生产区稍远的地点。但无论是分散或集中布置，单职工宿舍、民工宿舍、职工家属住宅应各自有相对的独立区段，且与生产区有明显界限。一般单职工宿舍、民工宿舍应靠近生产区或施工区，家属住宅则应布置在靠后的地方。

（2）居住建筑尽可能选在有较好的朝向地段。北方要有必要的日照时间，防止寒风吹袭；南方避开日晒，争取自然通风。

（3）考虑必要的防震抗灾措施和绿化美化环境措施。

（4）居住建筑布置有以下几种形式：

1）行列式布置。建筑按一定的朝向和合理间距，成行成列布置，形成一个建筑组群，再由若干个组群组成生活区。这种布置有利于通风和提供较好的日照条件，外观整齐。适合于地形起伏地段，结合地形灵活布置。

2）沿路线布置。建筑物沿交通线路布置，视地形情况，可以单行或多行平行于道路或垂直于道路布置，或组成小院落。建筑物距道路要有一定距离，最好设置围墙，使出入口集中。这种布置卫生、安全条件差，噪声干扰大。

3）零散布置。在较陡山地，利用局部缓坡分散布置。适合在施工区附近布置单职工宿舍或民工宿舍。

（二）公共建筑的布置

公共建筑的项目内容、定额、指标，可根据实际情况，参照国家有关规定，设置必要的项目和选用定额。

1.公共建筑分级配置

第一级：工地生活区。以工地全部居民为服务对象，布置必要的、规模较大的公共建筑，形成整个工地的服务中心。项目内容可包括影剧院、医院、招待所、商店、浴室、理发店、中小学、运动场等。

第二级：居住小区。以小区内居民为服务对象，设置居民日常必需的服务项目，形成区域中心。项目内容可包括托儿所、门诊部、百货店、理发店、职工食堂、锅炉房等。居住区规模较小时，可以只设营业点或分店。

2.生活区服务中心布置

考虑合理的服务半径，设置在居民集中、交通方便、并能反映工地生活区面貌的地段。其布置方式有以下几种：

（1）沿街道线状布置。连续布置在街道的一侧或两侧交叉口处。布置集中紧凑，使用方便。但不宜布置在车流量大的交通干线上，并在适当位置设置必要的广场，供车辆停放和人流集散等。

（2）成片集中布置。布置紧凑，设施集中，节约用地，使用方便。布置时应考虑按功能分区，留有足够的出入口、停车场等。

（3）沿街和成片集中混合布置。各种布置方式各有优缺点和一定的适应条件，布置时应因地制宜合理选用。

七、方案比较

（一）方案比较研究的内容

（1）对外交通在进入施工场地前的建筑物、营运里程及线路的主要技术条件、工程量和造价。

（2）场内交通线路的建筑物、营运里程、货流的顺畅程度、可靠性及线路的技术条件、工程量和造价。

（3）场内运输线路的技术指标（弯道、坡度、交叉）。

（4）场地平整的技术条件、工程量及其费用、场地形成时间是否满足施工要求。

（5）分区规划及其组织是否合理，管理是否集中、方便，场地是否开阔，有无扩展余地等。

（6）施工给水、供电条件是否方便。

（7）工人往返的水平距离、高差和往返所用的时间。

（8）布置是否紧凑，占地面积是否合适。

（9）施工场地的防洪标准。

（10）临时设施与主体工程之间、各临时设施之间是否产生施工干扰。

（11）场内布置是否满足生产和施工工艺要求，工艺布置难易程度。

（12）场内物料运输是否有倒流现象。

（13）能否满足安全、防火、卫生要求，环境保护措施是否合理有效。

（二）主要比较项目

对于不同枢纽和特定条件，根据方案比较所研究的内容、确定主要比较的项目。

1.定量项目

（1）占地面积。

（2）运输工作量（t·km）、爬坡高度。

（3）临建工程及其造价（场地平整工程、交通、挖填方式和长度）。

（4）场内交通工程技术指标。

（5）可达到的防洪标准。

2.定性项目

（1）场地形成时间是否满足施工要求。

（2）工艺布置的难易程度和效益发挥程度。

（3）施工干扰程度。

（4）对施工进度、施工强度的保证程度。

（5）管理和生活的方便程度。

（6）当地政府和上级机关对布置的意见。

（7）场内交通布置的难易程度。

（8）临建工程设施和永久性建筑物结合程度。

（三）综合评价应注意的问题

（1）方案比较应在满足施工强度、保证施工进度的条件下进行。

（2）在主要项目比较的基础上进行其他项目的比较，力争达到优越的技术条件和取得优越的技术经济指标。

（3）比较的项目应一致，当项目不能保证一致时，应采用经济比较和技术条件比较相结合的方法进行。

九、修正、完善施工总布置

施工临时设施的平面布置和竖向布置完成后，对施工总布置进行协调修正，检查施工临时设施和主体工程之间、各临时建筑物之间是否协调，有无干扰、矛盾，生产和施工工艺之间配合如何，能否满足安全、防火和卫生条件的要求。对于不够协调的布置要进行调整，最后编制总布置图和有关的技术经济指标图表，完成施工总布置设计。

（一）施工总布置图的内容

（1）坐标系统、指北针、必要的地形、地物、标高、图例等。

（2）主体建筑物及主要导流建筑物轮廓布置。

（3）主要施工机械设备布置，运输系统轮廓布置。

（4）施工分区及其建筑面积，主要辅助企业、大型临时设施布置，堆、弃场地位置布置。

（5）风、水、电及其他动力、能源厂址位置及其主、干管线。

（6）当地建筑材料场地位置及其范围。

（7）场地排水系统布置。

（二）施工总布置主要设计成果

（1）施工总布置图，比例 1：2000 ～ 1：10000。

（2）施工对外交通图。

（3）居住小区规划图，比例 1：500 ～ 1：1000。

（4）施工征地范围图和面积一览表。

（5）临建项目及规模一览表。

（6）准备工程量一览表。

（7）施工用地分期征用示意图。

第四章　灌浆工程

第一节　灌浆种类及灌浆材料

一、灌浆种类

按灌浆目的和要求，灌浆工程主要有以下几种：

（一）固结灌浆

固结灌浆是用浆液灌入岩体裂隙或破碎带，以提高岩体的整体性、均匀性和抗变形的能力。其作用主要表现在以下几方面：

（1）提高基岩的弹性模量，增强其整体性，提高基岩的承载力。

（2）增加坝基岩石的密实度，降低岩体的渗透性。

（3）帷幕上游面的固结灌浆孔，可起辅助帷幕的作用。

坝基灌浆时，其灌浆范围和孔深，主要根据坝型、坝基地质条件、岩石破碎情况和岩石应力等因素而定。在坝基岩石较差且坝体较高时，要多进行全面的固结灌浆。对于断面较大的重力坝，在基岩条件较好及坝基应力不大时，可只对上下游应力大的部位进行灌浆。对其他地质情况如断层、破碎夹层等，应针对具体情况专门布孔。

固结灌浆在坝基岩面一般采用梅花形或方格形布孔。钻孔间距由节理裂隙的密度、产状和渗透性等情况而定。一般孔距为 2 ~ 4m，局部地区视情况加密。固结灌浆要求较高时，可进行灌浆试验；固结灌浆的孔深一般为 5 ~ 8m，个别工程有的达到 15 ~ 30m。一般采用群孔冲洗和群孔灌浆，钻孔一般为直孔。对于已知产状的断层破碎带及大裂隙，可采用斜孔。

（二）帷幕灌浆

帷幕灌浆是用浆液灌入岩体或土层的裂隙、孔隙，形成阻水幕，以减小渗流量或降低扬压力的灌浆。通常在坝体迎水面下的基础内，形成一道连续而垂直或向上游倾斜的幕墙。设计和施工中多采用单孔灌浆，孔较深且灌浆压力较大。

帷幕灌浆设计包括平面布置、帷幕伸入两岸的长度、幕深、幕厚（排数）。同时在设计中确定灌浆的孔距、排距、压力、浆材、施工方法及工艺等，一般可通过灌浆试验取得。帷幕灌浆设计的基本资料有以下两方面：

（1）建筑物基础的地质条件。查明影响渗透稳定的地质缺陷和水文地质条件，如裂隙、节理、断层破碎带、软弱夹层及溶洞等的发育程度、分布特征、产状、充填物情况和地下水的动态，了解岩石的渗透性、相对不透水层深度等。

（2）灌浆试验资料。选择有代表性的地段进行灌浆试验，获得所需设计参数。如孔距、排距、灌浆压力、灌浆材料、浆液配比、钻灌方法与施工工艺、材料消耗等。灌浆帷幕一般设在大坝上游坝踵附近的压应力区，在专设的廊道内施工。灌浆廊道一般布置在距上游坝面 $0.07 \sim 0.1$ 倍坝面水头处，并不小于 3m。有时为增加坝体的稳定性或把某些大的断裂置在帷幕之后便于处理，将帷幕前移，设在坝前水平铺盖的前沿。实际施工工程中，为降低坝基扬压力，多数在坝体内同时布置帷幕和排水。排水孔一般布置在帷幕的背水侧，其深度可取帷幕深的 $1 / 2 \sim 2 / 3$。我国一些大坝在一般地质条件时，常用帷幕深度为坝高的 $0.3 \sim 0.7$ 倍。

帷幕的形式依其是否接到相对不透水岩层而分为接地式帷幕和悬挂式帷幕。接地式帷幕是坝址的相对不透水层埋藏较浅，帷幕能深入到相对不透水岩层，形成封闭式的阻水幕，此种形式帷幕防渗效果最好。一般深入隔水层的深度要求为 $3 \sim 5m$；悬挂式帷幕是坝址的相对不透水层埋藏较深，帷幕不能深入到相对不透水岩层，防渗效果较差。当采用悬挂式灌浆帷幕时，需与其他的防渗措施配合使用，如在上游设置铺盖，下游增设排水减压措施等。

（三）接触灌浆

接触灌浆是用浆液灌入混凝土与基岩或混凝土与钢板之间的缝隙，以增强接触面的结合能力，这种缝隙是由于混凝土的凝固收缩而造成的。在固结灌浆的部位，结合固结灌浆进行。一般通过混凝土钻孔压浆或在接触面埋设灌浆盒及相应的管道系统进行灌浆。

（四）接缝灌浆

接缝灌浆是通过埋设管路或其他方式将浆液灌入混凝土坝体的接缝，以改善传力条件，增强坝体的整体性。利用预埋灌浆系统，在灌浆区达到稳定温度时，对混凝土建筑物施工缝进行灌浆。

（五）回填灌浆

回填灌浆是用浆液填充混凝土与围岩或混凝土与钢板之间的空隙和孔洞，以增强围岩或结构的密实性的灌浆，这种空隙和孔洞是由于混凝土浇筑施工的缺陷或技术能力的限制所造成的。

如隧洞顶拱岩面与衬砌混凝土面、压力钢管与底部混凝土接触面等。

二、灌浆材料

按灌浆材料分，主要有水泥灌浆、黏土灌浆、化学灌浆等。灌浆材料应根据灌浆目的和环境水的侵蚀作用由设计确定。实际工程中，灌浆材料主要为硅酸盐水泥。现主要介绍水泥灌浆、黏土灌浆和化学灌浆。

（一）水泥灌浆

水泥灌浆一般采用纯水泥浆液，其要求颗粒细、稳定性好、胶结性强、耐久性好。水泥标号越高，颗粒越细，就越能填塞细小裂隙。一般情况下，可采用硅酸盐水泥或普通硅酸盐水泥。当有抗侵蚀或其他要求时，应使用特种水泥。在使用矿渣硅酸盐水泥或火山灰质硅酸盐水泥灌浆时，因其早期强度低、稳定性差等，浆液水灰比不宜小于 1。

回填灌浆、固结灌浆和帷幕灌浆所用水泥的强度等级须为 32.5 或以上，坝体接缝灌浆所用水泥的强度等级须为 42.5 或以上。水泥细度对灌浆效果有重要影响，帷幕灌浆和坝体接缝灌浆所用水泥的细度宜为通过 $80\mu m$ 方孔筛的筛余量不大于 5%。钢衬接触灌浆和岸坡接触灌浆所用水泥的强度等级和细度，可参考坝体接缝灌浆的要求。

在特殊地质条件下或有特殊要求时，水泥浆液应根据现场灌浆试验而定。可使用细水泥浆液、稳定浆液、混合浆液等。近年来，稳定浆液灌浆得到推广应用，它是指掺有稳定剂，2h 析水率不大于 5% 的水泥浆液。混合浆液是指掺有掺和料的水泥浆液。为节省水泥，在吸浆量大的地方可加砂、黏土、石粉、粉煤灰（如 I、II 或 III 级粉煤灰）等掺和料。帷幕灌浆时，为提高帷幕密实性，改善浆液性能，可掺适量黏土和塑化剂，一般黏土量不超过水泥重量的 5%。固结灌浆采用纯水泥浆或水泥砂浆，不能掺加黏土。接触灌浆不能加掺和料，只用较高标号的水泥浆。

根据灌浆工程的需要，在水泥浆液中，可加入以下几种外加剂：

（1）速凝剂，水玻璃、氯化钙等。

（2）减水剂，萘系高效减水剂、木质素磺酸盐类减水剂等。

（3）稳定剂，膨润土及其他高塑性黏土等。

（二）黏土灌浆

一般土层或沙砾石地基灌浆，采用黏土浆液作为灌浆材料。浆液是将土料经过浸泡、搅拌、筛滤净化拌制而成。对于土坝或沙砾石地基灌浆而言，其土料有不同的要求。如沙砾石地基灌浆，多选用黏粒含量不少于 40%～50%、粉粒含量不超过45%～50%、砂粒含量不大于 5%、塑性指数为 10～20 的亚黏土或黏土。

帷幕灌浆多采用水泥粘土浆，以改善浆液的胶结性能和提高结石强度，加速固结，在水下能继续凝固。一般水泥与土料的比例为 1∶1～1∶4，浆液稠度水和干料的比例一般在 1∶1～6∶1。水泥粘土浆成本低，但结石强度不高，仅用于对强度要求不高的岩基灌浆中。

（三）化学灌浆

化学灌浆是将有机高分子材料所配制的浆液，灌入到需要处理的部位如地基或建筑物裂隙中，经胶结固化后，达到防渗堵漏、补强加固的目的。在灌浆区或岩石缝隙很小，地下水流速又较大，颗粒材料难以灌入且防渗加固的要求较高，水泥灌浆较困难且不能满足设计和施工要求时，可采用化学灌浆材料。

化学灌浆抗渗性好，强度较高，但工程费用较昂贵。工程中常用的化学灌浆材料及施工方法见后叙述。

在工程施工中，无论采用哪一种灌浆材料，灌浆结束后应注意妥善处理废弃浆液，特别对化学灌浆材料要经过特殊处理而无须直接排入河道，防止污染环境。

第二节　岩基灌浆

岩体的变形与强度一方面取决于它的受力条件，另一方面则受岩体本身特征的影响。岩基灌浆处理是将具有流动性和胶凝性的浆液，通过钻孔用灌浆设备压入岩层的裂隙中，经过胶结硬化后，以提高和改善岩基的强度、整体性和抗渗性。

岩基灌浆有固结灌浆、帷幕灌浆和接触灌浆。岩基灌浆也可按灌注材料的不同，分为水泥灌浆、水泥黏土灌浆和化学灌浆等。本节以水泥灌浆为重点，介绍灌浆施工工序，如钻孔、裂隙冲洗和压水试验、灌浆方法和灌浆方式、灌浆压力和浆液变换、灌浆结束和封孔、工程质量检查等。

一、钻孔

钻孔前，应用测量仪器正确放出灌浆孔的位置，帷幕灌浆还需测出各孔高程。岩基灌浆多用回转式钻机钻孔，其钻头有硬质合金、钢粒和金刚石钻头，钻孔效率高，受孔深、孔向、孔径和岩石硬度的限制较少。钻孔深度小于 10m 的浅孔，也可采用移动方便的风钻或架钻。孔径一般为 75～91mm，检查孔径为 110～130mm。一般灌浆孔距是通过现场灌浆试验来确定。最佳的灌浆孔方向应是吃浆量最大的方向。应根据工程水文地质资料，特别是浆液运移途径等资料，结合灌浆试验确定。采用灌浆斜孔时，其施工难度较大，技术要求高。

灌浆的质量和效果与钻孔的质量密切相关。施工中要求孔深、孔向、孔位符合设计要求，孔径上下均一且孔壁平顺，使灌浆栓塞能卡紧卡牢，灌浆时不致产生返浆。钻进施工中若产生过多的岩粉细屑，易堵塞孔壁的缝隙，直接影响灌浆质量。可见，选用合理的钻具，严格遵守钻孔工艺要求，是保证钻孔质量的重要措施。帷幕灌浆孔宜采用回转式钻机和金刚石或硬质合金钻头，固结灌浆孔可采用各种适宜的方法钻进，孔径不宜小于38mm。钻孔方向和钻孔深度是保证帷幕灌浆质量的关键。帷幕钻孔方向，原则上应较多地穿过裂隙和岩层层面。若钻孔方向和设计发生偏斜，钻孔深度达不到设计要求，各钻孔灌注的浆液则不能连成一个整体，易形成漏水通道。帷幕灌浆孔位与设计孔位的偏差值不得大于10cm，孔径不得小于46mm，并应进行孔斜测量。

施工中若钻孔遇有洞穴、塌孔或掉块难以钻进时，可考虑进行灌浆处理，再进行钻进。若发现漏水或涌水，应及时查明情况和分析原因，经处理后再行钻进。钻进结束后，要进行钻孔冲洗，孔底沉渣厚度不得超过20cm。同时，对孔口要加以保护，防止流进污水、落入异物等。

二、冲洗和压水试验

（一）冲洗

钻孔冲洗是灌浆前一项非常重要的工作，直接影响着灌浆的质量。钻孔结束以后，要将残存在孔底和黏滞在孔壁的岩粉、铁砂末冲洗出孔外，并将岩层裂隙和孔洞中的充填物冲洗干净，以保证浆液与基岩的良好胶结。

冲洗的基本方法是将冲洗管插入钻孔内，用阻塞器把孔口堵塞，用压力水和压缩空气轮换冲洗或压力水和压缩空气混合冲洗。冲洗压力一般不宜大于同段设计灌浆压力的80%，防止裂缝扩张和岩层松动、变形。工程中一般根据岩层地质条件、灌浆种类而选用冲洗方式，通常有单孔冲洗和群孔冲洗。

1.单孔冲洗

单孔冲洗时，裂隙中的充填物被压力水挤至灌浆范围以外或仅能冲洗掉钻孔本身及其周围小范围裂隙中的充填物。一般适用于岩石比较完整和裂隙较少的情况。单孔冲洗有以下三种方法：（1）高压水冲洗。工程中冲洗时，整个冲洗过程在高压下进行，其冲洗压力取同段灌浆压力的70%~80%。冲洗结束的标准，通过冲洗试验来确定。一般认为当回水洁净，延续10~20分钟即可结束。有的工程根据冲洗试验的升压降压、过程和流量之关系，来判别岩层裂隙冲洗后透水性增值情况。

（2）高压脉冲冲洗。采用高压低压水反复冲洗。冲洗压力取灌浆压力的80%，5~10分钟以后，将孔口压力在极短时间如几秒钟内，突然降到零，形成反向脉冲水流，将裂隙中的碎屑带出，此时回水多呈浑浊。当回水由浊变清后，再升高到原来的压力，维持几分钟，又突然下降到零。如此一升一降，反复冲洗，直到回水洁净，再延续 10 ~ 20 分钟后就结束。此法冲洗时，压力差越大，冲洗效果越好。如新安江、古田溪等工程，采用该法取得良好效果。

（3）扬水冲洗。对于地下水位较高和地下水补给条件良好的钻孔，可采用扬水冲洗。冲洗时，先将冲洗管下到钻孔底部，上端接风管，通入压缩空气。孔中水气混合后，由于重量减轻，孔侧地下水压力作用及压缩空气的释压膨胀与反流作用，挟带着孔内碎屑杂物喷出孔外。连续地通气喷水，直到将钻孔洗净为止。如果孔内水位恢复较慢，可向孔内加水，提高扬水冲洗效果。

2. 群孔冲洗

适用于岩层破碎，节理裂隙比较发育且钻孔间互相串通的地层中。一般将两个或两个以上的钻孔组成一个孔组，轮换地向一个孔或几个孔压进压力水或压力水混合压缩空气，从另外的孔排出污水，如此反复交替冲洗，直到各孔出水洁净为止。

群孔冲洗时，注意沿孔深方向冲洗段的划分不宜过长，以免分散冲洗压力和冲洗水量。有时部分裂隙冲通后，水量将相对集中在这几条裂隙中流动，使其他裂隙得不到有效的冲洗，影响冲洗的质量和效果。在采用高压水或高压水气冲洗时，要防止冲洗范围岩层的抬动和变形。为提高冲洗效果，也可在冲洗液中加入适量化学剂，通过试验确定加入化学剂的品种和掺量。

采用群孔冲洗的钻孔，可不分次序同时灌浆。对岩溶、断层、大型破碎带、软弱夹层等地质条件复杂地段，以及设计有专门要求的地段，裂隙冲洗应按设计要求进行，或通过现场试验确定。

（二）压水试验

压水试验是利用水泵或水柱自重，将清水压入钻孔试验段，根据一定时间内压入的水量和施加压力大小的关系，计算岩体相对透水性和了解裂隙发育程度的试验。灌浆前进行压水试验，可为岩基灌浆设计和施工提供依据，是科学进行工程地基处理的重要环节。此环节一般在钻孔冲洗结束后进行。

需要指出，岩体的渗透性大小主要是由裂隙的渗透性大小来决定的。设计中应对其不连续面特别是裂隙的渗透性进行调查，而它们的渗透性大小又与不连续面产状、迹长、间距、密度、张开宽度以及空间的几何组成形态特征有关。由于各岩体类型都有各自水径的特殊性和不同的岩体强度，要对压水试验资料进行整理，结合试段的地质条件进行综合评价。为提高灌浆的有效性和处理的经济性，应考虑可灌性决定于裂隙的形状和尺寸，岩体强度决定着水力劈裂性质及其临界压力。

第三节　沙砾石地基灌浆

沙砾石地基与岩基不同，灌浆时由于地层结构的差异，如空隙率较大，渗透性强等。其可灌性如何取决于地基的颗粒级配、灌浆材料和浆液稠度、灌浆压力及施工工艺等，工程中一般通过灌浆试验来确定。

一、沙砾石地基灌浆材料

针对灌浆工程的不同要求，前述已介绍了常用的灌浆材料。工程中沙砾石地基灌浆一般对于浆液结石强度要求不高，多用于修筑防渗帷幕，即对帷幕的密实性有一定的要求，帷幕体的渗透系数在 10^{-4} ~ 10^{-5}cm/s 以下，故水泥粘土浆多用于沙砾石地基灌浆。浆液的配比视帷幕的设计要求来定。一般要求配制水泥粘土浆的黏土遇水后，能迅速崩解分散，吸水膨胀和具有一定的稳定性和黏结力。试验表明，水泥粘土浆的稳定性和可灌性均好于水泥浆，但其析水能力低，排水固结时间长，浆液结石强度不高，黏结力较低等。工程中为改善浆液的性能，掺入少量的膨润土或其他外加剂。

二、钻灌方法

近年来，沙砾石地基灌浆方法有打管灌浆、套管灌浆、循环灌浆和预埋花管灌浆等。

（一）打管灌浆

灌浆管由厚壁无缝钢管、灌浆花管和锥形管尖组成。其施工时用振动沉管或吊锤，直接将灌浆管打入到沙砾石受灌地层中并达到设计深度。灌浆前，用压力水将管内冲洗干净，然后采用压力灌浆（灌浆泵）或利用浆液自重自流灌浆，自下而上，分段拔管分段灌浆，即拔一段灌一段，直至结束。

此法设备简单，操作方便，适用于沙砾石层较浅、结构松散、空隙率较大，无大孤石的场合。多用于临时性工程如围堰或对防渗性能要求不高的帷幕。

（二）套管灌浆

施工中边钻孔、边下护壁套管或边打入护壁套管，边冲掏管内的砂砾石，直至套管达到设计深度。然后将钻孔冲洗干净，下入灌浆管，再起拔套管至第一灌浆段顶部，安好阻塞器，对第一段注浆。如此自下而上逐段提升灌浆管和套管，逐段灌浆，直至结束。

此法特点为有套管护壁，不会产生塌孔埋钻等事故。但灌浆时浆液易沿套管外壁向上流动，甚至产生地表冒浆。若灌浆时间较长，会造成套管起拔困难。

（三）循环灌浆

循环灌浆是一种自上而下，钻一段灌一段，无须待凝，钻孔与灌浆循环进行的施工方法。钻孔时用黏土浆或最稀一级水泥粘土浆固壁。对于钻灌段的长度，要视孔壁稳定情况和沙砾石层渗漏程度而定，一般为 1 ~ 2m。

此法灌浆无阻塞器，在孔口管顶端安设封闭器阻浆。灌浆起始段安装孔口管主要防止孔口坍塌及地表冒浆，同时兼起钻孔导向作用，控制施工和提高灌浆质量。

（四）预埋花管灌浆

预埋花管灌浆施工程序为先在钻孔内下入带有射浆孔的灌浆花管，管外与孔壁的环形空间注入填料，然后在灌浆管内用双层阻塞器进行分段灌浆。程序主要有钻孔、清孔、下花管与填料、开环和灌浆等。此法灌浆质量有保证，不易发生串浆、冒浆的现象，必要时可重复灌浆，但工艺复杂，花管不能起拔回收和成本较高。现简要分述如下：

1. 钻孔

使用回转式或冲击式钻机钻孔至设计深度，然后下套管护壁或用泥浆固壁。

2. 清孔

主要工作是清除孔底残留的石渣。

3. 花管与填料

采用套管护壁时，先下花管后下填料；若采用泥浆固壁时，先下填料后下花管。花管沿管长每隔0.3 ~ 0.5m环向钻一排孔径10cm的射浆孔，射浆孔外面用橡皮圈箍紧。用泵灌注花管与套管或孔壁环形空间的填料，边下填料边拔起套管，连续灌注，直至全孔填满将套管拔出为止。

填料配比一般为水泥和黏土的比例为 1：2 ~ 1：3；水和干料的比例为 1：1 ~ 3：1。

4. 开环

在孔壁填料待凝一段时间且达到一定强度后，可进行开环。

在花管中下入双层阻塞器，灌浆管的出浆孔要与花管上准备灌浆的射浆孔对准，用清水或稀浆逐渐升压，压开花管上的橡皮圈，压裂填料，形成通路（开环）。

5. 灌浆

开环后用清水或稀浆继续灌注 5 ~ 10 分钟，即可开始灌浆。灌完一段，可移动阻塞器使其出浆孔对准另一排射浆孔，继续进行另一灌浆段的开环和灌浆。

三、高压喷射灌浆

高喷技术最初仅用于粉细砂层和含粒径小于20cm的砂卵（砾）石层。随着技术水平提高、设备条件改进和工艺方法不断完善，在含大粒径砾石、漂石等复杂地层中也得到应用，较静压灌浆具有显著的优越性，促使高喷技术的应用范围更加广泛。

（一）高喷灌浆材料

工程中选用高喷灌浆材料应根据工程特点和高喷目的及要求而定。

高喷多采用水泥浆，为增加浆液的稳定性，可在水泥浆液中加入少量的膨润土。对凝结体性能有特殊要求时，也可加入较多的膨润土或其他掺和料。地基加固的高喷施工一般采用纯水泥浆。实践表明，浆液水灰比在 0.8 : 1 ~ 1 : 1 范围内对凝结体的抗压、抗折强度影响不大，影响凝结体抗压强度的主要因素是地层的成分、颗粒强度和级配。所以通常使用水灰比不大于 1 : 1 的浓浆。

灌浆机理为借助高压喷射，通过冲击、切割和强烈扰动，使浆液在射流作用范围内扩散、充填周围地层，并与土石颗粒掺混搅和，硬化后形成凝结体，达到防渗或提高承载力的目的；高喷施工时，水、气或浆、气由喷嘴喷出，使浆液能透入地层较远距离并破坏地层结构。射流强度随着射流距离的增加而衰减，射流束末端虽不能再冲切地层，但对地层仍有挤压作用。同时，喷射结束后，静压灌浆持续进行，对周围土体产生的渗透作用可促进凝结体与周围土体结合。渗透凝结层厚度依地层性状和颗粒级配而异，在渗透性较强的砂卵（砾）石层可达 10 ~ 15cm 厚。由于喷射能量大，最终浆液可填满块石四周空隙并将其握裹。在高压喷射、挤压、余压渗透及浆气升串综合作用下，形成连续和密实的凝结体。

（二）高喷灌浆施工

高喷灌浆施工顺序为钻机就位后，钻孔（泥浆固壁或跟管钻进）至设计深度，然后进行高压喷射。一边喷射，一边旋转、提升，直至设计改良范围高压喷射完毕。高压喷射灌浆可采用单管法、双管法和三管法。

1. 单管法

采用高压灌浆泵将浆液从喷嘴喷出，冲击、切割周围地层，并充填和渗入地层空隙，施工简单，有效范围较小，防渗工程中较少采用。

2. 双管法

并列安装浆、气两管，直接用浆、气喷射入地层，对地层内细小颗粒的升扬置换作用明显，喷出的浆液不易被水稀释，相应地凝结体内水泥含量多，强度高。此法工效高，质量优，效果好。适用于处理地下水丰富、含大粒径块石、孔隙率大的地层。有条件时宜优先选用。二滩水电站上、下游围堰防渗使用双管法，注浆压力 45MPa，各项施工设备先进，效率高，防渗效果好。

第四节　化学灌浆

水泥灌浆应用广泛，但有一定局限性。在某些不良地质条件下，如断层、破碎带、泥化夹层、岩石细微裂缝等，水泥灌浆有时难以见效，若采用化学灌浆，则可较易解决这些问题。

防渗帷幕采用化学灌浆时，一般情况下先进行水泥灌浆，在此基础上再进行化学灌浆，可提高帷幕灌浆质量，同时比较经济。

目前，在大坝基岩处理方面仍以水泥或水泥基浆液为主，化学灌浆仅起辅助作用，着重解决一些水泥灌浆难以见效的问题。以化学材料作为一种新型灌浆方法，在堵漏和混凝土裂缝灌浆处理等方面取得显著效果，化学灌浆日益突出其优越性和特点。

一、化学浆液特性

根据工程应用，化学浆液主要有以下几方面：

（1）化学浆液的黏度低，有的接近于水，可灌性好。

（2）化学浆液的胶凝时间可较准确地加以控制，对灌浆施工有利。

（3）化学浆液聚合体的渗透系数一般可达 $10^{-8} \sim 10^{-6}$cm／s，抗渗性强，防渗效果好。

（4）化学浆液聚合体的稳定性和耐久性均较好。

（5）有机高分子化学浆液即使经过改性后，仍然具有毒性，施工中需做好防护工作，并防止污染环境。

二、化学灌浆材料

化学灌浆材料品种较多，应结合工程要求加以选择。

工程中常采用的化学浆液有以下几种：

（1）水玻璃类。水玻璃即硅酸钠的水溶液，用水玻璃溶液和相应胶凝剂配制成的浆液，灌入地层，能起到防渗和固结作用。常用于帷幕灌浆，具有良好的抗渗稳定性。水玻璃类具有材料来源丰富，价格低廉和毒性较低的优点。

（2）丙烯酰胺类。丙烯酰胺类浆液以丙烯酰胺为主剂，溶于水后配以其他附加有机化学材料制成。浆液黏度小，可灌性好。适用于细微裂隙和孔隙的地层进行防渗堵漏处理。只适用于地下水位以下的工程部位，对动水条件下堵漏有较好的效果。如防渗帷幕灌浆处理，软基细砂层固结处理。

（3）聚氨酯类。聚氨酯类有油溶性、水溶性聚氨酯灌浆材料。前者灌入地层中不会被水稀释或冲走，聚合体强度高，主要用于岩基防渗帷幕和有特殊要求地段的固结灌浆及细砂层的防渗和固结、建筑物堵漏等；后者有良好的亲水性和遇水膨胀的特性，用于地基帷幕防渗、变形缝防渗堵漏、岩基和细砂层防渗堵漏加固等。

（4）环氧类。环氧类应用时具有强度高、黏结力强、化学稳定性好，并在常温下固化的特点。通常由主剂、固化剂、促进剂和稀释剂等材料配制而成。常用于岩基固结灌浆、加固地基和处理混凝土裂缝等。

（5）甲基丙烯酸酯类。该类浆液具有黏度低，可灌性好，聚合体强度高等特点，但存在的不足为浆液配比较复杂，主要用于混凝土细微裂缝的补强及接缝灌浆。

三、化学灌浆施工

化学灌浆可基本沿用水泥灌浆的工艺，但由于化学灌浆的特点和材料性质的不同，各类化学灌浆的工艺也有差异。浆液胶凝时间较水泥要短，各工序施工和技术要求高。化学灌浆遵循分序加密的原则钻孔灌浆，一般采用小孔径钻具钻孔。施工中采用纯压式灌浆。

（一）化学灌浆方法

按浆液的混合方式来区分，有单液法灌浆和双液法灌浆两种。为使施工简便，多采用单液法灌浆。

1.单液法灌浆

单液法灌浆是指一次配制成的浆液或两种浆液分别在灌浆泵灌注前先混合好，再进行灌注的灌浆方法。工程中此法设备及操作工艺较简单，按已配制好的浆液进行灌浆，但灌浆时若要调整浆液的比例，必须重新配制浆液。一般适用于胶凝时间较长的浆液。

2.双液法灌浆

双液法灌浆是指两种浆液组分别在灌浆泵送至灌浆孔口或孔内后，再混合进行灌浆的方法。灌浆时可根据施工情况，随时调整两种浆液用量的比例，适应性强。适用于短胶凝时间的浆液。

（二）灌浆开始条件

目前，灌浆开始条件有以下两种：

（1）以灌前压水试验透水率值为准，大于某值如 3Lu 或 5Lu 时，灌注水泥浆，小于某值则进行化学灌浆。

（2）以设计灌浆压力下求得孔段的注入率值为准，大于某值如 3L／min 或 5L／min 时，灌注水泥浆，小于此值时进行化学灌浆，工程中常采用此法。

（三）化学灌浆结束标准

注入率小于 0.1L／min 或基本不吸浆时结束。

为防止灌浆时间过长，有的工程还规定当灌浆时间达到若干小时后也可结束灌浆。下面以故县水库坝基 F5 断层处理为例，介绍化学灌浆处理方法。

F5 断层是故县水库坝基范围内最大的一条断层，位于左岸，其走向平行于岸坡，严重影响坝肩的安全稳定。断层部位为动态的饱水地层，孔口有地下水渗出。处理方案考虑 445m 以下，采用帷幕灌浆。钻孔时缩孔、坍孔现象严重，难于成孔。断层部位先期采用三排孔水泥灌浆，效果不理想，改用化学灌浆处理。浆液选用 EAA（环氧类）浆材。

1. 灌浆孔布设

断层部位布置 9 个灌浆孔，后补 2 个灌浆孔，共 11 个孔。孔深钻到断层以下 5m，分三序施工。对所有以前水泥灌浆孔的空孔部位均进行压力灌浆封堵，水灰比 0.6∶1，压力 1MPa。表层 5m 以内采用化学灌浆封闭，防止浆液冒、串到地表。

2. 化学灌浆工艺

（1）采用单液法。针对每一孔段情况，采用优选组合配方，多功能相结合的处理方法。

（2）选用能逐渐升压、稳压、长时间注浆的化学灌浆泵、输浆管路和灌浆栓塞。

（3）断层部位处理采用定位注浆法。

（4）钻进中遇坍孔，立即停钻，进行化学灌浆处理。

（5）断层段化学灌浆压力以水泥灌浆时使用的压力为准，灌浆时间 36～42h。灌浆量依灌浆压力和时间而定。

经过上述处理后，固壁效果显著。钻孔取芯，破碎岩石与糜棱岩胶结紧密，室内测试糜棱岩岩芯抗压强度为 10.5～13.9MPa，静弹模为（5.3～7）×103MPa，满足设计要求。从检查孔取芯验证，若浆液扩散半径大于 0.7m，则浆液具有良好的渗透性。

第五章　水利工程管理概述

第一节　我国水利工程管理的内涵

一、水利管理

我国的水利管理是指对水、水域和水利工程进行的管理，包括对水资源的开发、利用、节约、保护和对在建工程的建设管理以及对建成工程的运行、维护和经营管理，其可概括为水资源管理、水域管理、水利工程管理，其中水利工程管理又包括水利工程建设管理、水利工程运行管理（水利工程运行、维护管理）和水利工程经营管理。

二、水利工程管理

水利工程管理是以水资源可持续利用、支持经济和社会的可持续发展、人水和谐为指导思想，注重资源、环境和发展的协调，通过水利工程建设、运行、维护和经营管理，发挥其在防洪、除涝、灌溉、排水、城乡供水、水力发电、航运、旅游、生产以及改善生态环境等方面的综合效益。

（一）水利工程建设管理

水利工程建设管理是对水利工程建设项目严格按照基本建设程序进行全过程的管理，以保证水利工程建设的工期、质量和投资效益。基本建设程序一般分为项目建议书、可行性研究、初步设计、施工准备、建设实施、生产准备、竣工验收、后评价等八个阶段。为适应和发展社会主义市场经济，转变水利工程项目建设与经营管理体制，在20世纪90年代中期，我国水利工程项目建设推行项目法人责任制、招标投标制和建设监理制，通过合同进行管理，即通常所称的"三项制度"和"合同管理制"。

（二）水利工程运行管理

水利工程运行管理是对水利工程进行科学合理的运用、控制、调度，保证其安全、正常运行，以充分发挥其在防洪、除涝、灌溉、排水、城乡供水、水力发电、航运、旅游、生产以及改善生态环境等方面综合效益的工作。水利工程运行管理的基本任务是：①保证水利工程安全运行，防止自然和人为的破坏；②按照工程管理的各种法规和技术标准，对工程进行日常和特定的维护，保持工程完好和正常运行；③运用工程手段，实现防洪减灾、水资源合理调度和使用，满足国民经济和社会的需求，充分发挥工程应有的各种效益；④努力改善管理条件，实施技术革新和设备改造，不断提高管理水平；⑤保持水利工程环境的蓄水、过水、排水、调水能力和作用条件。

水利工程运行管理的主要工作内容包括：①检查观测；②养护修理；③调度运用；④水利管理自动化系统的运用；⑤科学试验与研究。

（三）水利工程经营管理

水利工程经营管理是研究如何对水利工程管理单位的全部生产和经营活动进行计划、组织、指挥、控制和调节，以发挥工程设施的效能，充分利用水资源，提高经济效益，为保障防洪安全和经济建设服务。经营管理的主要内容是：①在国家计划指导下，根据经济规律制定防洪、灌溉、供水、发电、航运、养殖、环境等计划，称为计划管理；②利用管辖范围内的水、土资源和技术装备开展综合经营，称为综合经营管理；③根据工程实际情况进行成本核算分析，制定水费标准，并实施对具体工程运行费用的管理，称为成本管理；④实施工程运行和综合经营效益的统计、分析，称为经济核算；⑤对水利工程经营过程中资金的形成、分配和使用过程中的各项管理，称为财务管理。

三、水利工程管理体制

我国水利工程管理按照统一管理与分级管理相结合的原则，实施水利工程管理。由水利部作为国务院的水行政主管部门对水利工程实行统一管理，由水利部、流域机构和地方水行政主管部门对水利工程进行分层次、分级管理。

为对水利工程实行科学、高效的管理，根据《中华人民共和国水法》规定，实行以流域为单元的全面规划、统筹兼顾、综合利用，最大限度发挥水资源的综合效益，建立流域管理与区域管理相结合的管理体制。水利部在七大江河设立了长江水利委员会、黄河水利委员会、淮河水利委员会、海河水利委员会、珠江水利委员会、松辽水利委员会和太湖流域管理局7个流域机构。流域机构为水利部的派出机构，代表水利部在所在流域内行使水利工程管理职能。

地方人民政府的水利工程管理体制是省（自治区、直辖市）水利（水务）厅（局）、地区（市）水利（水务）局、县（市、区）水利（水务）局、乡（镇）水利管理站。其中地区（市）水利（水务）局是省级人民政府派出机构的水行政主管部门，乡（镇）水利管理站既是县级水行政主管部门在乡镇的延伸，又是服务于当地具有双重功能的基层水利组织。

凡受益或影响范围跨省的工程、重要的大型水库和少数重要的堤防工程由流域机构负责管理；跨越两个或两个以上地区的，一般由上一级地方水利管理机构管理；其他工程由地方各级水利管理机构管理；集体兴办或民办公助的小型农村水利设施，由集体或个体管理，国家给予技术支持。

第二节　我国水利工程管理的发展和成就

我国是水利工程建设历史悠久的国家，长期以来，积累了丰富的管理经验。我国古代有过诸如河防、岁修、堵口复堤、通舟保漕等属于水利管理范畴的事迹和制度。唐《水部式》就是唐代颁布执行的水利工程管理法规，代表了当时水利管理的成就。但 19 世纪中叶以后，我国沦为半封建半殖民地社会，不仅水利建设停滞不前，而且工程年久失修，管理制度废止，管理水平落后。到 20 世纪初，我国才开始学习和引进西方先进的水利科学技术，但管理落后的局面并未有大的改变。直至中华人民共和国成立后，我国水利事业才得到迅速的发展。

一、我国水利工程管理发展阶段

在我国古时，人们已经了解到治水能防止洪水灾害，进而对洪水加以控制利用，由此衍生了一批水利专业人员，他们对治水有一套规划、理念。春秋时期，楚国的国家法典中已有关于水利工程的管理制度。秦代的田律也有要求地方向中央上报降雨情况和不允许"雍堤水"的规定。尽管治水的主旨及法则自神禹以来不断根据当时的需要及形势而时常改进，但是治水主要还是分为疏、引、导、防及束五个阶段。至目前的研究蓄水问题为第六阶段，每一个阶段并非不兼用其他治水方法，而治水不外乎以上所述六种方法相互为重用，也就是时势的趋向。但若择要举纲，六个阶段也有其可划分的界线。现在将每一个治水阶段分述于下：

（一）第一治水阶段

疏排时代，禹有鉴于鲧用围堵法治水失败，因而应用排疏法治水，从禹治水成功的那年起（公元前 2268 年）直到魏文侯任李悝为相之年总共为 1866 年，是为第一期。此阶段治水以排除水患为主，而禹的时候黄河第一次改道，是在其最后二百年中（公元前 602 年）。

（二）第二治水阶段

引灌时代，目的在引水灌溉农田，中等河流大多开凿用来灌溉，即贾让治河三策，其中策实际上是引用河水来灌溉农田。第二阶段上至引漳之时，下至王景治河之年（公元 67 年）共 479 年。在这时期以引水灌溉为主要目标。

（三）第三治水阶段

导运时代，自引溉期而踏入导运时代的开展，实质上是受到时势推动而进入的。其目的在于沟通长江和淮河的运道，通漕运。而该期间最大的成就为王景治理黄河，黄河经历 981 年之后才改道，而中国的南北大运河也在此期中完成，该期终于贾鲁治河之年（1351 年）共 1800 年。

（四）第四治水阶段

防守时代，自导运时代进入防守时代，河道的变迁与政治重心的南移实为其主因。由于政局混乱，导致河堤长期失修而发生洪患。后来，贾鲁治河努力于修守，但黄河改道非常频繁，故成效不大，因此这个时期最为短促。至潘季驯出现，治河技术才更进一步，他提倡束水攻沙的方法，在其第三次任总理河道时有所应用，所以就以此年为划分时代的界线，共 227 年。

（五）第五治水阶段

束约时代，这时期可说是防守时期的延伸与发展，此时期实际上仍然是以治河工程为主，而治河工程重点在于防守。这阶段强调治河必先治沙的方法。从潘季驯到清末共 333 年。

（六）第六治水阶段

中国的水利事业如上所述，自大禹治水以来四千多年，历代都有创造并加以发扬。明朝大学士徐光启常与西来教士交游，研究《泰西水法》等有关治水书籍，有志应用于世，可惜清廷采取闭关自守的政策，直到鸦片战争才打开海禁，因此使中国的水利学者无法再吸取新知识，以致水利事业停滞不前达三百年之久。

二、我国水利工程管理成就

我国水利工程管理经历上述六个阶段的发展，取得十分显著的成就，其主要表现在以下几个方面。

（1）完成了艰巨的治理任务，发挥了巨大的工程效益。新中国成立 50 多年来，建成水库 8.4 万多座，水闸 3.1 万多座，整修和新建江海堤防 25 万 km，机电排灌面积 12 万多，机井、塘坝皆以百万计。全国有效灌溉面积达 35 万 km^2，其中旱涝保收面积 36 万 km^2。已建水电站 4.9 万多座，装机容量 6400 多万 kW。水利工程年供水量 5500 多亿 m^3。虽然管理任务繁重，但从整体看已较好地完成了对这些工程的管理，发挥了防洪、供水、灌溉、发电和综合经营的巨大效益。

仅 1995 年和 1996 年两年，水利工程在抵御特大洪水、防止减免洪涝灾害中，挽回的经济损失就达 7800 亿元。新中国成立以前，平均每两年泛滥一次的黄河，自新中国成立 70 多年来安然无恙；都江堰灌区旧貌换新颜，灌溉面积发展到近 1000 万亩；在我国不到总数一半的有灌溉设施的土地上生产出全国总产量 70% 多的粮食和其他农产品。我国北方过去严重缺水的城市，现在依靠引水工程解决供水问题。水力发电量约占全国总发电量的 20%。全国 8 万余座水库，养殖水面积 20 万 km^2，约占淡水养殖面积的 40%。总之，经过各级水利管理单位的努力，现有水利水电工程已发挥了巨大的综合效益。

（2）建立了覆盖全国多层次的水利管理组织系统。我国的水利管理机构，50 多年来从无到有已逐步建立起来，改革开放后有了更迅速的发展。到 20 世纪 80 年代后期，由国家管理，即由县以上各级政府管理的水利工程约 2.1 万项，设置 1.3 万个流域机构、地方基层管理机构，加上乡镇水利站的管理人员，总数超过 50 万人，组建了一支相当完整的水利管理队伍。

（3）随着改革不断深入和法规的日趋完善，改革开放以来，逐步扭转了不讲经济效益及重建轻管的思想，使水利管理工作逐步走上了以提高经济效益为中心的轨道上来。把水利工程管理的任务归纳为"安全、效益、综合经营"，制定了"加强经营管理，讲究经济效益"的水利工作方针。党的十四届五中全会提出，水利是国民经济的基础产业，被列为国民经济基础设施的首位。全社会重视水利，也给水利水电管理工作带来了难得的发展机遇，水利工程管理工作必将取得长足的进步。

为了维护正常管理秩序，推动体制改革，我国颁布了《中华人民共和国水法》及一系列关于工程管理体制、经营管理和工程安全管理等的条例和办法，水利管理的法规体系日趋完善。

但是，我们应该看到，目前已建水利工程还远不能适应国民经济和社会发展的要求，主要表现在水利工程抗灾标准低，老化失修，病险严重，用水管理不严，浪费水严重及水资源利用效率不高。同时在经济上，许多水利工程管理单位尚未形成自我维持、自我发展的良性运行机制。今后的水利工程管理要以确保工程安全为重点，充分利用水资源，努力提高经济效益。

三、水利工程管理内容不断发展

水利工程管理的内容随着水利事业的发展也在不断充实和发展。从 20 世纪 50 年代只限于水利工程技术管理的内容，发展成为以水利工程整个生命周期为对象，以水利技术为基础，以现代管理科学为手段，以提高经济效益为宗旨的一门新的管理学科。现代水利工程管理的内容很广泛，一般包括水利工程建设管理、水利工程运行管理（水利工程运行、维护管理）和水利工程经营管理。

第三节　水利工程管理的意义

建设水利工程，将为发展国民经济创造有利条件，但要确保水利工程安全，充分发挥水利工程效益，必须加强水利工程管理。首先，应当重视水利工程建设管理，确保水利工程建设质量安全、建设工期和控制工程造价，因为水利工程建设管理是工程运行管理、综合经营管理的基础和保障；其次，必须重视水利工程的运行管理，因为水利工程运行管理的好坏直接影响工程效益的高低，若运行管理失当可能造成严重事故，给国家和人民生命财产带来不可估量的损失；最后，还应当重视水利工程的经营管理，改善水利工程管理机构经济状况，提高职工生活水平，稳定管理职工队伍。对水利工程而言，建设管理是基础，运行管理是关键，工程使用是目的，综合经营是动力。

一、影响水利工程安全和性能的主要因素

（一）自然因素复杂导致工程缺陷

由于影响水利工程的自然因素十分复杂，水利工程理论技术仍处于发展阶段，同时水工建筑物的工程量大、施工条件困难，因此在水利工程的勘测、规划、设计和施工中难免有不符合客观实际之处，致使水工建筑物本身存在着不同程度的缺陷、弱点和隐患。根据1996年年底的统计数据，我国大中型病险水库占水库总数的1/4左右，小型水库所占比例更高，约2/5。病险水库分布面广、量大，除险加固任务艰巨。

（二）环境因素导致工程损坏

由于水工建筑物长期处于水中工作状态，受到水压力、渗透、冲刷、气蚀、冻融和磨损等物理作用以及侵蚀、腐蚀等化学作用的影响，导致水利工程易遭受物理化学作用的破坏。

（三）不可抗力因素导致工程破坏

水工建筑物在长期运行中，可能受到设计时所未能预见的自然因素和非常因素的影响，如遭遇超标准的特大洪水、强烈的台风和地震等，将导致水利工程产生非常严重的破坏。

二、水利工程管理的意义

综上所述，水利工程在建设过程中，受到各种自然因素和人为因素的影响，将导致水利工程建设质量、工期、造价向不利方向发展。水工建筑物在运用过程中，会受

到各种外力和外界因素的作用，随着时间的推移，也将向不利方向转化，逐渐降低水工建筑物的工作性能，缩短工程寿命，甚至造成严重事故。因此，首先加强水利工程建设管理，确保水利工程建设质量安全、建设工期和控制工程造价。其次，对建成的水利工程加强检查观测，及时发现问题，进行妥善的养护，对病害及时进行维修，不断发现和克服不安全的因素，确保工程运行安全；同时，科学调度、使用和保护水资源，使水利工程长期地充分发挥其应有效益。最后，重视水利工程经营管理，改善水利工程管理机构经济状况，提高职工生活水平，稳定管理职工队伍，促使水利工程进入可持续发展的良性循环状态。

第四节 水利工程管理的任务和内容

一、水利水电工程管理的任务

水利工程管理的主要任务是：水利工程建设管理确保水利工程建设质量安全、工程工期和控制工程造价；水利工程运行管理确保水利工程运行安全、完整，充分发挥工程和水资源的综合效益；水利工程经营管理促使水利工程步入可持续发展的良性循环状态。其具体是严格遵守水利工程基本建设程序，实行项目法人责任制、招标投标制、建设监理制，通过合同管理，对水利工程建设进行全过程管理，最大限度地保质保量、及时地、经济地提供建成的水利工程；通过运行管理合理调水用水，除害兴利，最大限度地发挥水资源的综合效益；通过检查观测了解水工建筑物的工作状态，及时发现隐患；对水利工程进行经常养护，对病害及时处理；开展科学研究、综合经营，不断提高管理水平，逐步实现工程管理现代化。

为了做好水利工程管理工作，首先应当详细掌握水利工程的情况。在水利工程建设阶段，就应筹建项目法人，对工程建设全过程进行建设管理；工程竣工后，要严格履行验收交接手续，要求设计和施工单位将勘测、设计和施工资料一并移交项目法人；项目法人要根据建成的水利工程具体情况，制定出工程运用管理的各项工作制度，并认真贯彻执行，保证工程正常高效的运用。在水工建筑物的管理中，必须本着以防为主、防重于修、修重于抢的原则，即做好检查观测和养护工作，防止工程运行中病害的发生和发展，发现病害后，应及时修理；争取做到小坏小修，随坏随修，防止病害进一步扩大，避免造成不应有的损失。

改革开放以来，各级水利部门十分重视水工建筑物的养护维修工作，并取得了很好的效果，积累了许多整治病害的经验，在水库除险中引进了许多新技术、新材料、新工艺。例如采用高压定向喷射灌浆法构筑防渗墙以处理坝基渗漏；在土坝中采用劈裂灌浆法处理渗漏；应用土工膜和土工织物防渗排渗以节省投资、缩短工期；采用新技术、新工艺防止钢闸门腐蚀等。在养护修理工作中，对于难以解决的特殊问题，一般需与设计、施工、科研等单位协商，确定处理措施，并及时进行观测，验证其效果。工程出现险情，应在党和政府的统一领导下，充分发挥各方的作用，立即进行抢护。在防汛抢险中，应随时做好防大汛、抢大险的准备，制定相应的抢险方案，尽可能地减少洪、涝、台灾造成的损失。

二、水利工程管理的内容

（一）水利工程建设行政管理

水利工程建设行政管理是指各级行政主管部门依法运用法律、行政等手段，对水利工程建设实施指导和监督管理，确保水利工程建设符合当地的经济发展需要，确保水利工程建设具备有序、高效的市场秩序。

（二）水利工程建设项目管理

以水利工程建设项目为管理对象，为实现其特定的建设目标，在项目建设周期内对有限资源进行计划、组织、协调、控制的系统管理活动。以实行项目法人责任制、招标投标制、建设监理制为主要内容，并依据合同进行合同管理，进行成本分析，实施工程质量安全检查，确保工程质量安全、工程工期和控制工程造价。

（三）水利工程检查观测

通过对工程的现场观察和仪器测验，监视工程的状态变化和工作情况，进行反演分析，对水工建筑物原设计和计算进行验证，为正确管理运用提供科学依据，及时发现不正常现象，找出原因，采取正确措施，防止事故的发生，对建筑物进行经常的、系统的、全面的检查观测，随时掌握建筑物的状况，改善工程运用状况，保证工程安全运用。

（四）水利工程养护修理

根据检查观测的情况，对水工建筑物、机电设备、管理设施及其他附属工程等，进行经常性的养护工作，及时消除水利工程的隐患，进行加固处理，并定期检修，以保证水利工程处于良好的工作状态。养护修理工作一般可分为经常性的养护修理、岁修、大修和抢修四种。

（1）经常性的养护修理：根据检查检测发现的问题而进行日常的保养维护和局部修理，以保持工程完整。

（2）岁修：在每年汛后检查工程存在的问题，然后编制岁修计划，报批后进行修理。

（3）大修：当工程发生较大损坏、修复工作量大且技术较复杂的时候，管理单位报请上级主管部门批准，邀请设计、施工和科研单位共同研究制订修复计划，报批后进行修理。

（4）抢修：工程发生事故，危及工程安全时，管理单位应立即组织人力进行抢险，同时上报主管部门，采取进一步的处理措施。

（五）水利工程调度运用

在原规划设计的基础上，依据批准的调度运用计划和运用指标，根据水文气象、上下游防洪要求，结合工程实际情况和管理经验，参照近期气象、水文预报情况，合理地有计划地进行优化调度，保证工程安全，合理安排除害兴利，综合利用水资源，充分发挥工程的最大综合效益。

（六）水利工程经营管理

水利工程经营管理的主要内容包括计划管理、综合经营管理、成本管理、经济核算、财务管理。

第六章　水利工程建设项目管理体制与组织

第一节　水利工程建设项目的基本制度

1995 年水利部《水利工程建设项目管理暂行规定》（水建〔1995〕128 号）明确规定，水利工程建设项目实行项目法人责任制、招标投标制和建设监理制，简称"三项制度"。该制度的实行彻底改变了中华人民共和国成立以来有关水利工程建设项目"花钱无底洞，工期马拉松，效益无人问"的局面。到 2000 年我国新开工的大中型水利工程建设项目全部按照"三项制度"的要求执行，明确了责任主体，工程进度、质量和投资得到了较好的控制，工程投资效益显著提高。

一、项目法人责任制

项目法人责任制是为了建立建设项目的投资约束机制，规范项目法人的有关建设行为，明确项目法人的责、权、利，提高投资效益，保证工程建设质量和建设工期。对于经营性水利工程建设项目，由项目法人对项目的策划、资金筹措、建设实施、生产经营、债务偿还和资产保值增值，实行全过程负责。

1994 年在长江三峡工程开工典礼大会上，李鹏总理提出"建设项目要实行项目法人责任制、招标投标制、工程监理制和合同管理制"的要求。1995 年《中共中央关于制定国民经济和社会发展"九五"计划和 2010 年远景目标的建议》，以正式文件写入了建设项目实行项目法人责任制。水利工程项目法人责任制是水利部《水利工程建设项目实行项目法人责任制的若干意见》（水建〔1995〕129 号）提出的，其主要依据是《中华人民共和国公司法》《有限责任公司规范意见》。因此水利部提出的水利工程实行项目法人责任制是主要针对经营性的建设项目。

1999 年国务院办公厅《关于加强基础设施工程质量管理的通知》（国发办〔1999〕16 号）中指出："基础设施项目，除军事工程等特殊情况外，都要遵循政企分开的原则组建项目法人，实行建设项目法人责任制，由项目法定代表人对工程质量负总责。"水利工程属于基础设施，无论是经营性还是公益性水利工程建设项目，都须实行项目法人责任制。

2000年《国务院批转国家计委、财政部、水利部、建设部关于加强公益性水利工程建设管理的若干意见的通知》（国发办〔2000〕20号）指出，公益性水利工程项目法人对项目建设的全过程负责，对项目的工程质量、工程进度和资金管理负总责，并对项目法人的主要职责做出了规定。2001年水利部《印发关于贯彻落实加强公益性水利工程建设管理若干意见的实施意见的通知》（水建管〔2001〕74号）指出，项目法人是项目建设活动的主体，对项目建设的工程质量、工程进度、资金管理和生产安全负总责，并对项目主管部门负责，同时其对项目法人在建设各阶段的职责做出了明确的规定。

二、招标投标制

水利工程建设是我国建设领域最早推广建设工程招投标方式的行业，1984年4月，在云南省鲁布革水电站开工3年后，水电部决定利用世界银行贷款进行鲁布革水电站建设。根据与世行贷款协议，引水隧洞必须进行国际招标。日本大成公司以8643万元中标（标底为14958万元），低于标底43%。日本大成公司派30名管理人员，雇用水电十四局424名工人，开挖23个月，月平均进尺222.5m。于1986年10月30日，隧洞全线贯通，工程质量优良，比计划工期提前了5个月。而后1986年板桥水库复建工程中采用了施工招投标制，在当时引起了强烈的反响。后来在二滩水电站、引大入秦、小浪底水利枢纽等国际贷款建设项目的推动下，水电部逐步在国内建设项目中推行施工招投标制。

水利部在20世纪80年代曾制定了《水利工程施工招标投标工作管理规定》，1995年制定了《水利工程建设项目施工招标投标管理规定》，1998年对此规定进行修改后重新发布。这些规定仅限于工程施工，对于勘测、设计、监理没有规定。在1999年国家颁布的《中华人民共和国招标投标法》，以法律的形式对我国建设项目招投标做出明确规定。水利部对水利工程建设中招标范围、招投标发布、施工、监理、材料设备采购、勘察设计、评标办法，招投标监督等做出了详细明确规定，水利工程建设项目的招投标工作走向法治化的轨道。

三、建设监理制

建设工程监理是伴随着招投标制而产生的，是为了适应国际贷款项目运行规则而建立的一种国内建设管理制度。利用世界银行和亚洲银行贷款建设的项目必须按照世行和亚行的要求执行其合同条件。FIDIC（国际咨询工程师联合会）编写的《业主与咨询工程师标准服务协议书》（白皮书）、《土木工程施工合同条件》（红皮书）、《电气与机械工程合同条件》（黄皮书）、《工程总承包合同条件》（桔黄皮书）是国际贷款机构所采用的合同条件，简称《FIDIC合同条件》。

《FIDIC 合同条件》的执行是以"工程师"为主来实现合同管理，承包人的所有指令都只能从"工程师"处获得，业主不直接参与合同的管理。为适应国际贷款的要求，相关机构必须组建相应的机构进行工程施工合同管理。当时水电部首先在鲁布革组建了咨询公司，后来在二滩水电站、小浪底水利枢纽建设中，业主分别组建了二滩建设咨询公司、小浪底工程咨询公司进行施工合同管理。在当时的情况下，这些咨询公司就是业主单位负责合同管理、工程施工管理等部门分离出来组建的，其实质上和业主是一个单位，并不是《FIDIC 合同条件》要求的第三方。但这种模式为我国实行工程建设监理制起到积极作用。1999 年水利部在总结了水利工程多年来实行建设监理的经验，结合我国水利工程实际情况，制定《水利工程建设监理规定》（水建管〔1999〕637 号）、《水利工程建设监理单位管理办法》（水建管〔1999〕637 号）、《水利工程建设监理人员管理办法》（水建管〔1999〕637 号），2001 年又制定了《水利工程设备制造监理规定》（水建管〔2001〕217 号），形成了比较系统的水利工程建设监理管理模式。

"三项制度"的实行，改变了我国水利工程建设"自营制"模式，适应了市场经济条件下水利工程建设的要求，提高了投资效益。

第二节　项目法人的组织形式及主要职责

项目法人责任制是水利工程建设管理体制的核心制度，项目法人是工程建设的主体，承担工程建设管理运营的第一责任。《水利工程建设管理暂行规定》（水建管〔1995〕128 号）和《国务院批转国家计委、财政部、水利部、建设部关于加强公益性水利工程建设的若干意见》（国务院国发〔2000〕20 号）以下简称《若干意见》以及《水利部贯彻〈若干意见〉实施方案》规定了所有水利工程建设项目必须实行项目法人制。

一、项目法人的组织形式

近年来开工的水利工程建设项目基本都实行了项目法人制度，在实践过程中，由于项目性质的不同，项目法人的类型和模式也有所不同。目前主要有建设管理局、董事会（有限责任公司），项目建设办公室以及已有项目法人单位的项目办等模式。

（一）建设管理局制

目前公益性和准公益性项目中最普遍的是项目法人模式，单一建设主体的水利工程建设项目法人一般都采用这种模式。比如水利部小浪底水利枢纽建设管理局就是由水利部负责组建的项目法人单位，负责小浪底水利枢纽工程的筹资、建设，竣工后的运营、还贷等。淮河最大的控制性工程——临淮岗控制性工程就是由淮河水利委员会负责组建的项目法人，即淮河水利委员会临淮岗控制性工程建设管理局，负责该工程建设及竣工后管理运行。长江重要堤防隐蔽工程建设管理局、嫩江右岸省界堤防工程建设管理局，只负责工程建设，建成后交归地方运行管理。地方项目如辽宁省白石水库建设管理局等，都属于这种建设管理体制。

（二）董事会制（下设有限责任公司负责工程建设和运营管理）

多个投资主体共同投资建设的准公益性水利工程建设项目，一般采用这种体制组建项目法人。第一个采用这种体制的大型水利枢纽工程是黄河万家寨水利枢纽工程，由水利部、山西省政府、内蒙古自治区政府共同投资建设，三方通过各自出资代表——水利部新华水利水电投资公司，山西省万家寨引黄工程总公司和内蒙古自治区电力（集团）总公司共同出资组建黄河万家寨水利枢纽有限公司，公司实行董事会领导下的总经理负责制，负责工程的筹资、建设、运营管理、还贷工作，进而形成了万家寨建设管理模式。

后来又采用同样的模式建设了嫩江尼尔基水利枢纽工程（水利部、黑龙江省政府、内蒙古自治区政府共同出资组建嫩江尼尔基水利枢纽有限公司）、广西百色水利枢纽工程（水利部和广西壮族自治区政府组建广西右江水利开发有限公司）。

（三）项目建设办公室制

这种建设体制一般很少采用，是近年来利用外资进行公益性水利工程项目建设而采取的一种模式。如利用亚行贷款松花江防洪工程建设项目，利用亚行贷款黄河防洪工程建设项目。项目本身无法产生直接经济效益和承担还贷任务，必须由国家财政担保，统一向亚行贷款，由中央财政和项目所在的有关省（自治区）政府负责还贷。

（四）已有项目法人建设制

这种模式普遍运用在原有水利工程项目的加固改造，比如水库的除险加固、原有灌区的改造扩建、原有堤防工程加高培厚等。在项目实施阶段，原管理单位就是建设项目的项目法人单位，这样既有利于工程建设的实施，又有利于竣工后的运行管理。

二、项目法人的组建

项目法人是工程建设的主体，是项目由构想到实体的组织者、执行者。项目法人的组建成功与否是关系到项目成败的大事。

（一）项目法人的组建时间

水利工程建设项目的项目法人组建一般是在项目建议书批复以后，组建项目的筹建机构；待项目可行性研究报告批复（即立项）后，根据项目性质和特点组建工程建设的项目法人。

（二）组建项目法人的审批和备案

组建的项目法人要按项目管理权限报上级主管部门审批和备案。

中央项目由水利部（或流域机构）负责组建项目法人。流域机构负责组建项目法人的相关人员，须报水利部备案。

地方项目由县级以上人民政府或委托的同级水利行政主管部门负责组建项目法人，并报上级人民政府或委托的水利行政主管部门审批，其中 2 亿元以上的地方大型水利工程项目由项目所在地的省（自治区、直辖市）及计划单列市人民政府或其委托的水利行政主管部门负责组建项目法人，并任命法定代表人。

对于经营性水利工程建设项目，按照《中华人民共和国公司法》组建国有独资或合资的有限责任公司。

新建项目一般应按照建管一体的原则组建项目法人。除险加固、续建配套、改建扩建等建设项目，原管理单位基本具备项目法人条件的，原则上由原管理单位作为项目法人或以其为基础组建项目法人。

（三）组建项目法人的上报材料

组建项目法人需要上报材料的主要内容有以下方面：

（1）项目主管部门名称。

（2）项目法人名称、办公地址。

（3）法人代表姓名、年龄、文化程度、专业技术职称、参加工程建设简历。

（4）技术负责人姓名、年龄、文化程度、专业技术职称、参加工程建设简历。

（5）机构设置、职能及管理人员情况。

（6）主要规章制度。

（四）项目法人的机构组成

水利工程建设项目在建设期一般需要设立以下部门：综合管理部门（或办公室）、财务部门、计划合同部门、工程管理部门、征地移民管理部门以及物资管理和机电管理部门（根据工程特点按需要和职责设立），大型项目还需要设立安全保卫部门。

（五）项目法人的组织结构形式

项目法人的组织结构形式一般采用线性职能制，各部门按照职能进行分工，垂直管理。对于一个项目法人同时承担多个项目建设的，也可以按照矩阵组织结构模式。如长江重要堤防隐蔽工程建设管理局，负责长江重要堤防隐蔽工程 28 项，其项目位于湖北、湖南、安徽、江西等省。为了有效管理，长江重要堤防隐蔽工程建设管理局设立了 22 个工程建设代表处作为工程项目法人的现场派出机构，全过程负责施工现场管理。

三、项目法人主要职责

水利工程建设项目法人的主要职责有以下方面：

（1）组织初步设计文件的编制、审核、申报等工作。

（2）按照基本建设程序和批准的建设规模、内容、标准，组织工程建设。

（3）负责办理工程质量监督和主体工程开工报告报批手续。

（4）负责委托地方政府办理征地、移民和拆迁工作，按照委托协议检查征地和移民实施进度、资金拨付情况。

（5）负责与项目所在地地方人民政府及有关部门协调解决工程建设外部条件。

（6）依法对工程项目的勘察、设计、监理、施工和材料及设备等组织招标，并签订有关合同。

（7）组织编制、上报项目年度建设计划，落实年度工程建设资金，严格按照预算控制工程投资，用好、管好建设资金。

（8）组织施工用水、电、通信、道路和场地平整等准备工作及必要的生产、生活临时设施的建设。

（9）加强施工现场管理，严格禁止转包、违法分包行为。

（10）及时组织研究和处理建设过程中出现的技术、经济和管理问题，按时办理工程结算。

（11）负责监督检查工程建设管理情况，包括工程投资、工期、质量、生产安全和工程建设责任制情况等。

（12）负责组织编制、上报在建工程度汛方案，落实有关安全度汛措施，并对在建工程安全度汛负责。

（13）负责建设项目范围内的环境保护、劳动卫生和安全生产等管理工作。

（14）按时编制和上报计划、财务，工程建设情况等统计报表。

（15）负责组织编制竣工决算。

（16）负责按照有关验收标准组织或参与验收工作。

（17）负责工程档案资料的管理，包括对各参建单位所形成档案资料的收集、整理、归档工作，并进行监督、检查。

（18）接受主管部门、质量监督部门、招投标行政监督部门的监督检查，并呈报各种报告和报表。

第三节 项目法人与建设各方的关系

水利工程建设项目参建各方一般指项目法人（也有叫发包人、建设单位或业主）、勘察设计单位、施工监理单位、承包人（也叫承包商）、咨询单位。其他参与合同实施的还有分包人（也叫分包商）、供货商和设备制造商以及项目法人的主管单位和建设贷款方（对于有贷款的项目）。这些单位构成了工程建设各方的责任主体，各自承担工程建设的不同职责和任务。除项目法人的主管部门外，所有单位之间均是合同关系，项目法人通过合同形式，将工程建设的不同任务赋予不同建设主体，形成了建设项目合同的整体。

项目法人是工程建设的核心，担负着项目的筹划、实施以及运行管理和集成任务，关系着项目的成败。

一、项目法人与主管部门的关系

项目法人与行政主管部门是行政隶属关系。行政主管部门在建设管理方面，主要是加强宏观调控、搞好统筹规划、制定政策、组织协调、检查监督、发布信息和提供服务等，为项目建设和生产运行创造良好的环境。项目法人应主动接受行政主管部门的监督、检查和管理。

二、项目法人与贷款方的关系

项目法人与贷款方是一种经济法律关系，即债务人与债权人的关系，是通过贷款协议（属借款合同）确定双方的权利和义务，这对于项目建设起着重要作用。在利用国际贷款进行项目建设时，贷款方对建设项目的采购原则和程序、承包人的法定资格、项目的招标方式和招标文件的制定、评标标准和授标条件，合同管理与价款支付等方面都会作出规定。

三、项目法人与承包人的关系

项目法人与承包人是一种经济法律关系，即通过双方签订的项目承包合同（属于建设工程合同），项目法人将拟建的工程项目发包给承包人，承包人按照合同规定完成项目任务，获得相应报酬。建设工程承包合同明确规定了双方的权利、义务、责任、风险，生效的合同具有法律效力，对合同双方均有约束力，任何一方违约，都要承担相应的责任。

四、项目法人与监理（工程师）的关系

在早期，我国利用世行贷款建设的水利水电工程项目中，监理单位（国际上叫工程师单位）都是由项目法人自行组建。但国际上要求这种自行组建监理单位的方式必须由合同双方共同组建争端委员会，对合同争议可提交争端委员会评审和解决。20世纪90年代中期以后，我国积极推行"三项制度"，监理单位作为独立企业法人，通过投标或被委托方式，承揽水利工程建设监理任务，并按监理合同（属于委托合同）的规定完成项目的监理服务，获得相应报酬。监理合同规定了合同双方的权利、义务和责任，任何一方违约，都要承担相应的责任。虽然监理不是项目承包合同的一方，但项目法人通过项目承包合同给予监理工程师权利，以项目承包合同为准则，协调合同当事人的权利、义务、责任和风险，以及对承包人的工作进行监督和管理。在项目承包合同实施过程中，项目法人应依据合同规定和授权规范自己的行为，不得随意干涉监理工程师的具体工作。监理工程师必须实事求是和公正地进行合同管理，不得与承包人有任何承包任务以外的经济联系，更不能与承包人串通侵害发包人的利益，否则项目法人有权要求监理单位更换违规的监理人员，造成损失的要追究监理单位和监理工程师的责任。

五、监理（工程师）与承包人的关系

监理（工程师）与承包人没有直接的合同关系，但在项目法人和承包人签订的合同中有项目法人对监理工程师的授权。在项目承包合同执行过程中，监理工程师代表项目法人按合同规定对承包人的工作进行监督和管理。监理（工程师）与承包人的关系，更多的体现形式是项目法人与承包人的关系。在项目承包合同执行过程中和项目法人授权范围内，监理（工程师）应严格履行合同规定，监督检查承包人是否履行合同义务，是否在投资、进度和质量得到控制的情况下完成项目任务。按工程完成进度和承包合同规定，进行支付价款、合同变更和费用调整。这个过程既要维护项目法人的利益，也要尊重承包人的合法权益。

六、项目法人与勘察设计单位的关系

项目法人与勘察设计单位是一种经济法律关系，通过双方签订勘察设计合同（属建设工程合同），项目法人将工程建设项目勘察设计任务发包给勘察设计单位。勘察设计单位根据项目的立项批复文件和国家的法律法规、工程技术标准和设计标准以及项目法人建设意图，完成合同规定的任务，并获得相应报酬。在项目实施过程中，勘察设计单位根据合同进度提供设计图纸、派出设计代表提供现场设计服务等。图纸经监

理工程师确认后，勘察设计单位如提出设计变更，须报告项目法人并得到同意，勘察设计单位无权应监理工程师或承包人要求而直接进行工程设计变更。

七、项目法人与分包人的关系

项目法人（发包人）与分包人没有直接合同关系，但一般规定，承包人对部分项目进行分包，以及选定分包人必须事先征得项目法人的同意。因此，无论在投标时项目法人已经同意承包人建议的分包人，还是实施时项目法人事先同意的分包人，承包人均应对分包出去的工程项目施工以及分包人的任何工作和行为全部负责，分包人对完成的工作成果向项目法人（发包人）承担连带责任。对于指定分包人，承包人有权拒绝和接受。如果承包人接受了指定分包人，则该指定分包人和其他分包人一样，被视为承包人雇佣的分包人，并签订分包合同。承包人对此指定分包人的工作和行为负全部责任，并负责该分包人工作的管理和协调，指定分包人应接受承包人的统一管理和监督，并按规定向承包人缴纳管理费。由于指定分包人造成的与其分包工作有关而又属于承包人的管理和监督责任，所以无法控制的索赔、诉讼和损失赔偿均应由指定分包人直接对项目法人负责，项目法人也应直接向指定分包人追索，承包人不对此承担责任。这就是指定分包和一般分包的区别。

第四节　水利水电施工企业资质等级和承包范围

国家对建筑企业实行资质管理，建筑企业按照其拥有的注册资本、净资产、专业技术人员、技术装备和已建成的建筑工程业绩等资质条件申请资质等级，经审查合格，取得相应等级的资质证书后，方可从事其资质登记范围内的建筑活动。

建筑企业资质等级分为总承包、专业承包和劳务分包 3 个序列。

一、施工总承包企业资质等级的划分和承包范围

施工总承包企业可以对工程实行施工总承包或者主体工程实行施工承包。承包企业可以对所承包的工程全部自行施工，也可以将非主体工程或劳务作业分包给具有相应专业承包资质或劳务分包资质的其他企业（在实际工程施工承包合同执行中，应根据招标文件对于分包的要求执行）。

水利水电工程施工总承包企业资质等级分为特级、一级、二级、三级。

（一）特级企业

资质标准要求企业注册资本金 3 亿元以上，净资产 3.6 亿元以上，可承担各种类

型的水利水电工程及辅助生产设施工程的施工。

（二）一级企业

资质标准要求企业注册资本金 5000 万元以上，净资产 6000 万元以上，可承担单项合同额不超过企业注册资本金 5 倍的各种类型水利水电工程及辅助生产设施工程的施工。

（三）二级企业

资质标准要求企业注册资本金 2000 万元以上，净资产 2500 万元以上，可承担单项合同额不超过企业注册资本金 5 倍的下列工程的施工：库容 1 亿 m³、装机容量 100MW 及以下的水利水电工程及辅助生产设施工程的建筑、安装和基础工程施工。

（四）三级企业

资质标准要求企业注册资本金 600 万元以上，净资产 720 万元以上，可承担单项合同额不超过企业注册资本金 5 倍的下列工程的施工：库容 1000 万 m³、装机容量 10MW 及以下的水利水电工程及辅助生产设施工程的建筑、安装和基础工程施工。

二、施工专业承包企业资质等级的划分和承包范围

水利水电工程专业承包企业分为一级、二级、三级。

（一）水利水电机电设备安装工程专业承包范围

1. 一级企业

资质标准要求企业注册资本金 1500 万元以上，净资产 1800 万元以上，可承担各类水电站、泵站主机（各类水轮发电机组、水泵机组）及辅助设备和水电（泵）站电气设备的安装工程。

2. 二级企业

资质标准要求企业注册资本金 500 万元以上，净资产 600 万元以上，可承担单项合同额不超过企业注册资本金 5 倍的单机容量 100MW 及以下的水电站、单机容量 1000kW 及以下的泵站主机及附属设备和水电（泵）站电气设备的安装工程。

3. 二级企业

资质标准要求企业注册资本金 200 万元以上，净资产 240 万元以上，可承担单项合同额不超过企业注册资本金 5 倍的单机容量 25MW 及以下的水电站、单机容量 500kW 及以下的泵站主机及附属设备和水电（泵）站电气设备的安装工程。

（二）堤防工程专业承包范围

1. 一级企业

资质标准要求企业注册资本金 2000 万元以上，净资产 2400 万元以上，可承担各

类堤防的堤身填筑、堤身整险加固、防渗导渗、填塘固基、堤防水下工程、护坡护岸、堤顶硬化、堤防绿化、生物防治和穿堤建筑物（不含单独立项的分洪闸、进水闸、排水闸、挡潮闸等）工程的施工。

2. 二级企业

资质标准要求企业注册资本金 1000 万元以上，净资产 1400 万元以上，可承担单项合同额不超过企业注册资本金 5 倍的 2 级及以下堤防的堤身填筑、堤身整险加固、防渗导渗、填塘固基、堤防水下工程、护坡护岸、堤顶硬化、堤防绿化、生物防治和穿堤建筑物（不含单独立项的分洪闸、进水闸、排水闸、挡潮闸等）工程的施工。

3. 三级企业

资质标准要求企业注册资本金 400 万元以上，净资产 500 万元以上，可承担单项合同额不超过企业注册资本金 5 倍的 3 级及以下堤防的堤身填筑、堤身整险加固、防渗导渗、填塘固基、堤防水下工程、护坡护岸、堤顶硬化、堤防绿化、生物防治和穿堤建筑物（不含单独立项的分洪闸、进水闸、排水闸、挡潮闸等）工程的施工。

（三）水工大坝工程专业范围

1. 一级企业

资质标准要求企业注册资本金 2500 万元以上，净资产 3000 万元以上，可承担各类坝型的坝基处理，永久和临时水工建筑物及其辅助生产设施的施工。

2. 二级企业

资质标准要求企业注册资本金 1000 万元以上，净资产 1200 万元以上，可承担单项合同额不超过企业注册资本金 5 倍的、70m 及以下各类坝型的坝基处理，永久和临时水工建筑物及其辅助生产设施的施工。

3. 三级企业

资质标准要求企业注册资本金 500 万元以上，净资产 600 万元以上，可承担单项合同额不超过企业注册资本金 5 倍的、50m 及以下各类坝型的坝基处理、永久和临时水工建筑物及其辅助生产设施的施工。

第五节　水利工程监理单位资质等级及业务范围

按照《水利工程建设监理单位资质管理办法》（2006 年水利部第 29 号令）水利工程建设监理单位实行资格审批制度。新设立的监理单位，须先向单位所在地工商行政管理部门进行企业法人预登记，取得营业核准书后，再按申请水利工程建设监理单位资格的程序报水利部，取得《水利工程建设监理单位资格等级证书》后再进行正式工商企业法人登记。监理单位资质分为水利工程施工监理、水土保持工程施工监理、机电及金属结构设备制造监理和水利工程建设环境保护监理4个专业。其中，水利工程施工监理专业资质和水土保持工程施工监理专业资质分为甲级、乙级和丙级3个等级，机电及金属结构设备制造监理专业资质分为甲级、乙级两个等级，水利工程建设环境保护监理专业资质暂不分等级。

一、各专业资质等级可以承担的业务范围

（一）水利工程施工监理专业资质

甲级可以承担各等级水利工程的施工监理业务。

乙级可以承担二等（堤防2级）以下各等级水利工程的施工监理业务。

丙级可以承担三等（堤防3级）以下各等级水利工程的施工监理业务。

（二）水土保持工程施工监理专业资质

甲级可以承担各等级水土保持工程的施工监理业务。

乙级可以承担二等及以下各等级水土保持工程的施工监理业务。

丙级可以承担三等水土保持工程的施工监理业务。

同时具备水利工程施工监理专业资质和乙级以上水土保持工程施工监理专业资质的工程，方可承担淤地坝中的骨干坝施工监理业务。

（三）机电及金属结构设备制造监理专业资质

甲级可以承担水利工程中的各类型机电及金属结构设备制造监理业务。

乙级可以承担水利工程中的中、小型机电及金属结构设备制造监理业务。

（四）水利工程建设环境保护监理专业资质

可以承担各类各等级水利工程建设环境保护监理业务。

二、各级资格标准

（一）甲级监理单位资质条件

（1）具有健全的组织机构、完善的组织章程和管理制度。技术负责人具有高级专业技术职称，并已取得总监理工程师岗位证书。

（2）专业技术人员。监理工程师以及其中具有高级专业技术职称的人员、总监理工程师。水利工程造价工程师（或者从事水利工程造价工作5年以上并具有中级专业技术职称的人员）不少于3人。

（3）具有5年以上水利工程建设监理经历，且近3年监理业绩分别为：

1）申请水利工程施工监理专业资质，应当承担过（含正在承担，下同）两项Ⅱ等水利枢纽工程，或者一项Ⅱ等水利枢纽工程、两项Ⅱ等（堤防2级）其他水利工程的施工监理业务；该专业资质许可的监理范围内的近3年累计合同额不少于600万元。承担过水利枢纽工程中的挡、泄、导流、发电工程之一的，可视为承担过水利枢纽工程。

2）申请水土保持工程施工监理专业资质，应当承担过两项Ⅱ等水土保持工程的施工监理业务；该专业资质许可的监理范围内的近3年累计合同额应不少于350万元。

3）申请机电及金属结构设备制造监理专业资质，应当承担过4项中型机电及金属结构设备制造监理业务；该专业资质许可的监理范围内的近3年累计合同额应不少于300万元。

（4）能运用先进技术和科学管理方法完成建设监理任务。

（5）注册资金不少于200万元。

（二）乙级监理单位资质条件

（1）具有健全的组织机构、完善的组织章程和管理制度。技术负责人具有高级专业技术职称，并取得总监理工程师岗位证书。

（2）专业技术人员。监理工程师以及其中具有高级专业技术职称的人员、总监理工程师，均不少于规定的人数。水利工程造价工程师（或者从事水利工程造价工作5年以上并具有中级专业技术职称的人员）不少于2人。

（3）具有3年以上水利工程建设监理经历，且近3年监理业绩分别为：

1）申请水利工程施工监理专业资质，应当承担过3项Ⅲ等水利枢纽工程，或者承担过两项Ⅲ等水利枢纽工程、两项Ⅲ等（堤防3级）其他水利工程的施工监理业务；该专业资质许可的监理范围内的近3年累计合同额不少于400万元。

2）申请水土保持工程施工监理专业资质，应当承担过4项Ⅲ等水土保持工程的施工监理业务；该专业资质许可的监理范围内的近3年累计合同额不少于200万元。

（4）能运用先进技术和科学管理方法完成建设监理任务。

（5）注册资金不少于100万元。

首次申请机电及金属结构设备制造监理专业乙级资质，只需满足第（1）、（2）、（4）、（5）项；申请重新认定、延续或者核定机电及金属结构设备制造监理专业乙级资质，还须该专业资质许可的监理范围内的近3年年均监理合同额不少于30万元。

乙级监理单位可以承担大型及其以下各类水利工程建设监理业务。

（三）丙级和不定级监理单位资质条件

（1）具有健全的组织机构、完善的组织章程和管理制度。技术负责人应具有高级专业技术职称，并取得总监理工程师岗位证书。

（2）专业技术人员。监理工程师以及其中具有高级专业技术职称的人员、总监理工程师，均不少于规定的人数。水利工程造价工程师（或者从事水利工程造价工作 5 年以上并具有中级专业技术职称的人员）不少于 1 人。

（3）能运用先进技术和科学管理方法完成建设监理任务。

（4）注册资金不少于 50 万元。

申请重新认定、延续或者核定丙级（或者不定级）监理单位资质，还须专业资质许可的监理范围内的近 3 年年均监理合同额不少于 30 万元。

第六节　工程勘察设计单位资质管理

我国对建设工程勘察设计资质由国务院建设主管部门实行统一监督管理，国务院铁路、交通、水利、信息产业、民航等有关部门配合国务院建设主管部门实施相应行业的建设工程勘察、工程设计资质管理工作。根据《建设工程勘察设计企业资质管理规定》（建设部 2001 年 93 号令）对建设工程勘察设计资质进行管理。

一、工程勘察、设计资质的划分

（一）工程勘察资质

工程勘察资质分为工程勘察综合资质、工程勘察专业资质、工程勘察劳务资质。工程勘察综合资质只设甲级；工程勘察专业资质设甲级、乙级，根据工程性质和技术特点，部分专业设有丙级；工程勘察劳务资质不分等级。取得工程勘察综合资质的企业，可以承接各种专业（海洋工程勘察除外）、各等级工程勘察业务；取得工程勘察专业资质的企业，可以承接相应等级相应专业的工程勘察业务；取得工程勘察劳务资质的企业，可以承接岩土工程治理、工程钻探，凿井等工程勘察劳务业务。

（二）工程设计资质

工程设计资质分为：工程设计综合资质、工程设计行业资质、工程设计专业资质和工程设计专项资质。

工程设计综合资质只设甲级；工程设计行业资质、工程设计专业资质、工程设计专项资质设甲级、乙级。

根据工程性质和技术特点，个别行业、专业、专项资质设有丙级，建筑工程专业资质设有丁级。取得工程设计综合资质的企业，可以承接各行业、各等级的建设工程设计业务；取得工程设计行业资质的企业，可以承接相应行业相应等级的工程设计业务及本行业范围内同级别的相应专业、专项（设计施工一体化资质除外）工程设计业务；取得工程设计专业资质的企业，可以承接本专业相应等级的专业工程设计业务及同级别的相应专项工程设计业务（设计施工一体化资质除外）；取得工程设计专项资质的企业，可以承接本专项相应等级的专项工程设计业务。

二、工程勘察、设计资质的审批程序

（一）审批权限管理

申请工程勘察甲级资质、工程设计甲级资质，以及涉及铁路、交通、水利、信息产业，民航等方面的工程设计乙级资质的，应当向企业工商注册所在地的省、自治区、直辖市人民政府建设主管部门提出申请。其中，中央管理的企业直接向国务院建设行政主管部门提出申请，其所属企业由中央管理的企业向国务院建设行政主管部门提出申请，同时向企业工商注册所在地（省、自治区、直辖市）人民政府建设行政主管部门备案。

省、自治区、直辖市人民政府建设主管部门应当自受理申请之日起 20 日内初审完毕，并将初审意见和申请材料报国务院建设主管部门。

国务院建设主管部门应当自省、自治区、直辖市人民政府建设主管部门受理申请材料之日起 60 日内完成审查，公示审查意见，公示时间为 10 日。其中，涉及铁路、交通、水利、信息产业、民航等方面的工程设计资质，由国务院建设主管部门送国务院有关部门审核，国务院有关部门在 20 日内审核完毕，并将审核意见送国务院建设主管部门。工程勘察乙级及以下资质、劳务资质、工程设计乙级（涉及铁路、交通、水利、信息产业、民航等方面的工程设计乙级资质除外）及以下资质许可由省、自治区、直辖市人民政府建设主管部门实施，具体实施程序由省、自治区、直辖市人民政府建设主管部门依法确定。

省、自治区、直辖市人民政府建设主管部门应当自做出决定之日起 30 日内，将准予资质许可的决定报国务院建设主管部门备案。

工程勘察、工程设计资质证书分为正本和副本，正本 1 份，副本 6 份，由国务院建设主管部门统一印制，正、副本具备同等法律效力。资质证书有效期为 5 年。

（二）申请

（1）企业首次申请工程勘察、工程设计资质，应当提供以下材料：

工程勘察、工程设计资质申请表；

企业法人、合伙企业营业执照副本复印件；

企业章程或合伙人协议；

企业法定代表人、合伙人的身份证明；

企业负责人、技术负责人的身份证明、任职文件、毕业证书、职称证书及相关资质标准要求提供的材料；

工程勘察、工程设计资质申请表中所列注册执业人员的身份证明、注册执业证书；工程勘察、工程设计资质标准要求的非注册专业技术人员的职称证书、毕业证书、身份证明及个人业绩材料；

工程勘察、工程设计资质标准要求的注册执业人员、其他专业技术人员与原聘用单位解除聘用劳动合同的证明及新单位的聘用劳动合同；

资质标准要求的其他有关材料。

（2）企业申请资质升级应当提交以下材料：

《建设工程勘察设计企业资质管理规定》第十一条第（一）、（二）、（五）、（六）、（七）、（九）项所列资料；

工程勘察、工程设计资质标准要求的非注册专业技术人员与本单位签订的劳动合同及其社保证明；

原工程勘察、工程设计资质证书副本复印件；

满足资质标准要求的企业工程业绩和个人工程业绩。

（3）企业增项申请工程勘察、工程设计资质，应当提交以下材料：

《建设工程勘察设计企业资质管理规定》第十一条所列（一）、（二）、（五）、（六）、（七）、（九）的资料；

工程勘察、工程设计资质标准要求的非注册专业技术人员与本单位签订的劳动合同及及社保证明；

原资质证书、副本复印件；

满足相应资质标准要求的个人工程业绩证明。

第七章　水利工程运行管理

水利工程运行管理是对水利工程进行科学合理的运用、控制及调度，保证水利工程安全正常地运行，以充分发挥工程综合效益的工作。水利工程运行管理的根本是水利工程管理体制，关键是水利工程管理体制改革。

运行管理的基本任务有：①保证水利工程安全运行，防止自然和人为的破坏；②按照工程管理的各种法规和技术标准，进行日常和特定的维护，保持工程完好，正常运行；③运用工程手段，实现防洪减灾、水资源合理调度和使用，满足国民经济和社会的需求，充分发挥工程应有的各种效益，如防洪、灌溉、发电、供水、排水、交通运输、渔业、环境保护、水土保持和旅游等；④努力改善管理条件，进行技术革新和设备改造，不断提高管理水平；⑤保持水域工程环境的蓄水、过水、排水、调水能力和使用条件。水利工程运行管理工作的主要内容有检查观测、养护修理和调度运用。

第一节　水利工程管理体制改革

一、水利工程管理体制改革的重要性

70 多年来，我国兴建了一大批水利工程，形成了数千亿元的水利固定资产，初步建成了防洪、排涝、灌溉，供水等工程体系，在抗御水旱灾害、保障城乡用水、促进工农业生产持续稳定发展、保护水土资源和改善生态环境等方面发挥了重要作用。随着社会主义市场经济体制改革的深化和社会经济的快速发展，现行的水利工程管理模式已不能适应新形势的要求。

现行的水利工程管理单位存在体制不顺、机制不活、经费短缺、人员机构臃肿、管理粗放等问题日趋突出，导致大量水利工程得不到正常的维修养护，效益严重衰减。这不仅影响水利工程正常运行，而且对国民经济和人民生命财产安全带来了极大的隐患。对水利管理工作中存在的问题，水利部、国务院有关部门极为重视，在国务院的领导下，水利系统广大干部职工积极努力下，由国务院体改办牵头，有关部门参加研究制定了《水利工程管理体制改革实施意见》（以下简称《实施意见》），并于 2002 年 9 月 17 日经国务院批准发布实施。《实施意见》的颁发，彻底扭转了我国长期以来的重建轻管的局面，促进水利工程管理单位走向良性运行道路，保证了水利工程的安全运行，发挥了巨大的工程效益，并促进水资源的可持续利用，保障了经济社会可持续发展，是水利工程管理工作的重要里程碑。

二、水利工程管理体制改革的目标和原则

（一）水利工程管理体制改革的目标

通过深化改革，力争在 3~5 年内，初步建立符合我国国情、水情和社会主义市场经济要求的水利工程管理体制和运行机制。

（1）建立职能清晰、权责明确的水利工程管理体制。

（2）建立管理科学、经营规范的水利工程管理单位运行机制。

（3）建立市场化、专业化和社会化的水利工程维修养护体系。

（4）建立合理的水价形成机制和有效的水费计收方式。

（5）建立规范的资金投入、使用、管理与监督机制。

（6）建立较为完善的政策、法律支撑体系。

（二）水利工程管理体制改革的原则

（1）正确处理水利工程的社会效益与经济效益之间的关系。既要确保水利工程社会效益的充分发挥，又要引入市场竞争机制，降低水利工程的运行管理成本，提高其管理水平和经济效益。

（2）正确处理水利工程建设与管理的关系。既要重视水利工程建设，又要重视水利工程管理，在加大工程建设投资的同时加大工程管理的投入，从根本上解决重建轻管问题。

（3）正确处理责、权、利的关系。既要明确政府各有关部门和水利工程管理单位的权利和责任，又要在水利工程管理单位内部建立有效的约束和激励机制，使管理责任、工作绩效和职工的切身利益紧密挂钩。

（4）正确处理改革、发展与稳定的关系。既要从水利行业的实际出发，大胆探索，勇于创新，又要积极稳妥，充分考虑各方面的承受能力，把握好改革的时机与步骤，从而确保改革顺利进行。

（5）正确处理近期目标与长远发展的关系。既要努力实现水利工程管理体制改革的近期目标，又要确保新的管理体制有利于水资源的可持续利用和生态环境的协调发展。

三、水利工程管理体制改革的主要内容和措施

（一）明确权责并规范管理

水行政主管部门对各类水利工程负有行业管理责任，负责监督检查水利工程的管理养护和安全运行，对其直接管理的水利工程负有资金使用和资产管理的监督作用。对国民经济有重大影响的水资源综合利用及跨流域（指全国七大流域）引水等水利工程，原则上由国务院水行政主管部门负责管理；同一流域内跨省（自治区、直辖市）的骨干水利工程原则上由流域机构负责管理；同省（自治区、直辖市）内跨行政区域的水利工程原则上由上一级水行政主管部门负责管理；同一行政区域内的水利工程由当地水行政主管部门负责管理。各级水行政主管部门要按照政企分开、政事分开的原则，转变职能，改善管理方式，从而提高管理水平。

水利工程管理单位具体负责水利工程的管理、运行和维护，保证工程安全和发挥效益。水行政主管部门管理的水利工程出现安全事故的，要依法追究水行政主管部门、水利工程管理单位和当地政府负责人的责任；其他单位管理的水利工程出现安全事故的，要依法追究业主责任和水行政主管部门的行业管理责任。

（二）严格定编定岗

（1）划分水利工程管理单位类别和性质。根据水利工程管理单位承担的任务和收益状况，将现有水利工程管理单位分为以下三类。

第一类是指承担防洪、排涝等水利工程管理运行维护任务的水利工程管理单位，称为纯公益性水利工程管理单位，定性为事业单位。

第二类是指承担既有防洪、排涝等公益性任务，又有供水、水力发电等经营性功能的水利工程管理运行维护任务的水利工程管理单位，称为准公益性水利工程管理单位。准公益性水利工程管理单位依其经营收益情况确定性质，不具备自收自支条件的水利工程管理单位，定性为事业单位；具备自收自支条件的水利工程管理单位，定性为企业；目前已转制为企业的水利工程管理单位，维持企业性质不变。

第三类是指承担城市供水、水力发电等水利工程管理运行维护任务的水利工程管理单位，称为经营性水利工程管理单位，定性为企业。

水利工程管理单位的具体性质由机构编制部门会同同级财政和水行政主管部门负责确定。

（2）严格定编定岗。事业性质的水利工程管理单位，其编制由机构编制部门与同级财政部门和水行政主管部门核定。实行水利工程运行管理和维修养护分离（以下简称管养分离）后的维修养护人员、准公益性水利工程管理单位中从事经营性资产运营和其他经营活动的人员，不再核定编制。各水利工程管理单位要根据国务院水行政主

管部门和财政部门共同制定的《水利工程管理单位定岗标准》，在批准的编制总额内合理定岗。

（三）严格资产管理

（1）根据水利工程管理单位的性质和特点，分类推进人事、劳动、工资等内部制度改革。事业性质的水利工程管理单位，要按照精简、高效的原则，撤并不合理的管理机构，严格控制人员编制；全面实行聘用制，按岗聘人，职工竞争上岗，并建立严格的目标责任制度；水利工程管理单位负责人由主管部门通过竞争方式选任，定期考评，实行优胜劣汰的制度。事业性质的水利工程管理单位仍执行国家统一的事业单位工资制度，同时鼓励其在国家政策指导下，探索符合市场经济规则、灵活多样的分配机制，把职工收入与工作责任和绩效紧密结合起来。

企业性质的水利工程管理单位，要按照产权清晰、权责明确、政企分开、管理科学的原则建立现代企业制度，构建有效的法人治理结构，做到自主经营，自我约束，自负盈亏，自我发展；水利工程管理单位负责人由企业董事会或上级机构依照相关规定聘任，其他职工由水利工程管理单位择优聘用，并依法实行劳动合同制度，与职工签订劳动合同；要积极推行以岗位工资为主的基本工资制度，明确职责，以岗定薪，合理拉开各类人员收入差距。

相关人员要努力探索多样化的水利工程管理模式，逐步实行社会化和市场化。对于新建工程，应积极探索通过市场方式，委托符合条件的单位管理水利工程。

（2）规范水利工程管理单位的经营活动，严格资产管理。由财政全额拨款的纯公益性水利工程管理单位不得从事经营性活动。准公益性水利工程管理单位要在科学划分公益性和经营性资产的基础上，对承担防洪、排涝等公益职能部门和承担供水、发电及多种经营职能部门进行严格划分，将经营部门转制为水利工程管理单位下属企业，要求做到事企分开、财务独立核算。事业性质的准公益性水利工程管理单位在核定财政资金到位情况下，不得兴办与水利工程无关的多种经营项目，已经兴办的要限期脱钩。企业性质的准公益性水利工程管理单位和经营性水利工程管理单位的投资经营活动，原则上应围绕与水利工程相关的项目进行，并保证水利工程日常维修养护经费的足额到位。

加强国有水利资产管理，明确国有资产出资人代表。我们要积极培育具有一定规模的国有或国有控股的企业集团，负责水利经营性项目的投资和运营，承担国有资产的保值增值责任。

（四）积极推行管养分离

积极推行水利工程管养分离，精简管理机构，提高养护水平，降低运行成本。在对水利工程管理单位科学定岗和核定管理人员编制基础上，将水利工程维修养护业务和养护人员从水利工程管理单位剥离出来，独立或联合组建专业化的养护企业，然后逐步通过招标方式从社会上择优确定维修养护企业。

为确保水利工程管养分离的顺利实施，各级财政部门应保证经核定的水利工程维修养护资金足额到位；国务院水行政主管部门要尽快制定水利工程维修养护企业的资质标准；各级政府和水行政主管部门及有关部门应当努力创造条件，培育维修养护市场主体，规范维修养护市场环境。

（五）强化水费计收管理

（1）逐步理顺水价。水利工程供水水费为经营性收费，供水价格要按照补偿成本、合理收益、节约用水、公平负担的原则核定，农业用水和非农业用水要区别对待，分类定价。农业用水水价按补偿供水成本的原则核定，不计利润；非农业用水（不含水力发电用水）价格在补偿供水成本、费用、计提合理利润的基础上确定。水价要根据水资源状况、供水成本及市场供求变化适时进行调整，分步到位。

除中央直属及跨省级水利工程供水价格由国务院价格主管部门管理外，地方水价的制定和调整工作由省级价格主管部门直接负责，或由市、县价格主管部门提出调整方案报省级价格主管部门批准。

（2）强化计收管理。要改进农业用水计量设施和方法，逐步推广按立方米计量。积极培育农民用水合作组织，改进收费办法，减少收费环节，提高缴费率。严格禁止乡村两级在代收水费中任意加码和截留的行为。

供水经营者与用水户要通过签订供水合同，规范双方的责任和权利。管理者要充分发挥用水户的监督作用，促进供水经营者降低供水成本。

（六）严格资金管理

（1）根据水利工程管理单位的类别和性质的不同，采取不同的财政支付政策。纯公益性水利工程管理单位，其编制内在职人员经费、离退休人员经费、公用经费等基本支出由同级财政负担。工程日常维修养护经费在水利工程维修养护岁修资金中列支。工程更新改造费用纳入基本建设投资计划，由计划部门在非经营性资金中安排。

事业性质的准公益性水利工程管理单位，其编制内承担公益性任务的在职人员经费、离退休人员经费、公用经费等基本支出以及公益性部分的工程日常维修养护经费等项支出，由同级财政负担，更新改造费用纳入基本建设投资计划，由计划部门在非经营性资金中安排；经营性部分的工程日常维修养护经费由企业负担，更新改造费用在折旧资金中列支，不足部分由计划部门在非经营性资金中安排。事业性质的准公益性水利工程管理单位的经营性资产收益和其他投资收益要纳入单位的经费预算。各级水行政主管部门应及时向同级财政部门报告该类水利工程管理单位各种收益的变化情况，以便财政部门实行动态核算，并适时调整财政补贴额度。

企业性质的水利工程管理单位，其所管理的水利工程的运行、管理和日常维修养护资金由水利工程管理单位自行筹集，财政不予补贴。企业性质的水利工程管理单位要加强资金积累，提高抗风险能力，确保水利工程维修养护资金的足额到位，保证水利工程的安全运行。

水利工程日常维修养护经费数额，由财政部门会同同级水行政主管部门依据《水利工程维修养护定额标准》确定。《水利工程维修养护定额标准》由国务院水行政主管部门会同财政部门共同制定。

（2）积极筹集水利工程维修养护岁修资金。为保障水管体制改革的顺利推进，各级政府要合理调整水利支出结构，积极筹集水利工程维修养护岁修资金。中央水利工程维修养护岁修资金来源为中央水利建设基金的30%（调整后的中央水利建设基金使用结构为：55%用于水利工程建设，30%用于水利工程维护，15%用于应急度汛），不足部分由中央财政给予相应安排。地方水利工程维修养护岁修资金来源为地方水利建设基金和河道工程修建维护管理费，不足部分由地方财政给予安排。

中央维修养护岁修资金用于中央所属水利工程的维修养护。省级水利工程维修养护岁修资金主要用于省属水利工程的维修养护，以及对贫困地区、县所属的非经营性水利工程的维修养护经费的补贴。

（3）严格资金管理。所有水利行政事业性收费均实行"收支两条线"管理。经营性水利工程管理单位和准公益性水利工程管理单位所属企业必须按规定提取工程折旧资金。对于工程折旧资金、维修养护经费、更新改造经费等要做到专款专用，严禁有挪作他用的行为。各有关部门要加强对水利工程管理单位各项资金使用情况的审计和监督。

（七）落实社会保障政策

（1）妥善安置分流人员。水行政主管部门和水利工程管理单位要在定编定岗的基础上，广开渠道，妥善安置分流人员。支持和鼓励分流人员大力开展多种经营，特别是旅游、水产养殖、农林畜产和建筑施工等具有行业和自身优势的项目。利用水利工程的管理和保护区域内的水土资源进行生产或经营的企业，要优先安排水利工程管理单位分流人员。在清理水利工程管理单位现有的经营性项目的基础上，要把部分经营性项目的剥离与分流人员的安置结合起来。剥离水利工程管理单位兴办的社会职能机构，包括水利工程管理单位所属的学校、医院原则上移交当地政府管理，人员成建制划转。在分流人员的安置过程中，各级政府和水行政主管部门要积极做好统筹安排和协调工作。

（2）落实社会保障政策。各类水利工程管理单位应按照有关法律、法规和政策参加所在地的基本医疗、失业、工伤、生育等社会保险。在全国统一的事业单位养老保险改革方案出台前，保留事业性质的水利工程管理单位仍维持现行养老制度。

转制为中央企业的水利工程管理单位的基本养老保险，可参照国家对转制科研机构、工程勘察设计单位的有关政策规定执行。同时各地应做好转制前后离退休人员养老保险待遇的衔接工作。

（八）税收扶持政策

在实行水利工程管理体制改革中，为安置水利工程管理单位分流人员而兴办的多种经营企业，符合国家有关税法规定的，经税务部门核准后执行相应的税收扶持政策。

（九）完善新建水利工程管理体制

进一步完善新建水利工程的建设管理体制。全面实行建设项目法人责任制、招标投标制和工程监理制，落实工程质量终身责任制，确保工程质量。

要实现新建水利工程建设与管理的有机结合。企业在制定建设方案的同时制定管理方案，核算管理成本，明确工程的管理体制、管理机构和运行管理经费来源，对没有管理方案的工程不予立项。要在工程建设过程中将管理设施与主体工程同步实施，管理设施不健全的工程不予验收。

（十）改革小型农村水利工程管理体制

小型农村水利工程要明确所有权，探索建立以各种形式农村用水合作组织为主的管理体制，因地制宜，采用承包、租赁、拍卖、股份合作等灵活多样的经营方式和运行机制，具体办法另行制定。

（十一）加强水利工程的环境与安全管理

（1）加强环境保护。水利工程的建设和管理要遵守国家环保法律法规，符合环保要求，着眼于水资源的可持续利用。进行水利工程建设，要严格执行环境影响评价制度和环境保护"三同时"（建设项目中环境保护设施必须与主体工程同步设计、同时施工、同时投产使用）制度。水利工程管理单位要做好水利工程管理范围内的防护林（草）建设和水土保持工作，并采取有效措施，以保障下游生态用水需要。水利工程管理单位开展多种经营活动应当避免污染水源和破坏生态环境。环保部门要组织开展有关环境监测工作，加强对水利工程及周边区域环境保护的监督管理。

（2）强化安全管理。水利工程管理单位要强化安全意识，加强对水利工程的安全保卫工作。利用水利工程的管理和保护区域内的水土资源开展旅游等经营项目，要在确保水利工程安全的前提下进行。

原则上不得将水利工程作为主要交通通道；大坝坝顶、河道堤顶或戗台确需兼作公路的，需经科学论证和有关主管部门批准，并采取相应的安全维护措施；未经批准，已作为主要交通通道的大坝，要限期实行坝路分离，对堤防要限制交通流量。

地方各级政府要按照国家有关规定，支持水利工程管理单位尽快完成水利工程的确权划界工作，明确水利工程的管理和保护范围。

（十二）加快法治建设

要尽快修订《水库大坝安全管理条例》，完善水利工程管理的有关法律、法规。各省（自治区、直辖市）要加快制定相关的地方法规和实施细则。各级水行政主管部门要按照管理权限严格依法行政，从而加大行政执法的力度。

第二节　水利工程管理单位定岗标准

2004 年 7 月 29 日，水利部、财政部联合印发了《水利工程管理单位定岗标准（试点）》（以下简称《定岗标准》）和《水利工程维修养护定额标准（试点）》（水办〔2004〕307 号），进一步完善了水管体制改革工作的政策体系，为全面推进水管体制改革工作提供了新的有力支撑。《定岗标准》作为《水利工程管理体制改革实施意见》（国办发〔2002〕45 号，以下简称《实施意见》）的配套文件，是水利工程管理单位定岗定员的依据，也是确定准公益性水利工程管理单位性质以及核定水利工程管理单位基本支出的基础。随着《定岗标准》的颁布实施，解决了水利工程管理单位定员无标准、岗位管理无依据的矛盾，消除了制约水管体制改革进程的瓶颈，将从根本上改变水利工程管理单位机构臃肿、人浮于事以及人员结构不合理的局面，对提高水利工程管理水平、促进水利工程良性运行具有重要作用。《定岗标准》的颁布实施，标志着水管体制改革工作又向前迈出了新的重要步伐。

一、编制原则和思路

（一）编制原则

水利工程管理单位定岗标准编制原则是：遵循国家现行政策法规、技术标准；因事设岗、以岗定责、以工作量定员；岗位设置应遵循最优结构、最佳组合、最少岗位的原则，并适应水利工程管理单位管养分离改革的要求，精干主体、剥离辅助；岗位定员和岗位任职条件以全国平均先进水平为依据。

（二）编制思路

根据水利工程的功能和水利工程管理单位应履行的主要管理职责，并结合现行法规、技术标准初拟岗位，利用全国性的调查资料分析岗位设置率，根据岗位设置率和有关政策法规，综合考虑必要性与合理性后设置岗位；参照劳动定额分析各岗位的基本劳动组合，并利用调查资料分析岗位定员与决定工作量的影响因素之间的相关关系和修正系数，按照全国平均先进水平的原则，进行岗位定员。同时，选择典型单位对岗位定员进行反复测算、修正，并在全国范围内广泛征求意见。

二、主要内容

《定岗标准》成果包括总则和水库、大中型水闸、大中型灌区、大中型泵站及1~4级河道堤防工程管理单位的岗位设置和岗位定员，共13部分。水利工程管理单位的岗位类别按工作性质分为单位负责、行政管理、技术管理、财务与资产管理、水政监察、运行、观测及辅助等8大类。按各类岗位的工作任务并结合各类工程的特点，规定了具体的岗位名称，并按工作量确定岗位人员。各类工程管理单位的岗位数量分别为：大中型水库工程管理单位28个岗位，小型水库工程管理单位4个岗位，大中型水闸工程管理单位24个岗位，1~4级河道工程管理单位32个岗位，大中型灌区工程管理单位35个岗位，大中型泵站工程管理单位32个岗位。

《定岗标准》中所设置的岗位涵盖了各类型工程必需的管理、运行及观测工作任务，基本反映了水利工程管理的客观实际，体现了因事设岗、一人多岗、精简效能的原则，能够满足水利工程管理体制改革，特别是实行管养分离的需要。《定岗标准》规定了每个岗位的职责和任职条件，这将有助于水利工程管理单位规范岗位管理，制定岗位守则，落实岗位责任制度，并因地制宜地选择适宜的上岗人员或有针对性地培训岗位人员，以提高岗位人员素质，优化人员结构，强化水利工程管理单位能力建设，节约管理成本，提高管理水平。

总体上分析，按《定岗标准》对水利工程管理单位进行定岗定员，可有效精简水利工程管理单位人员，提高技术管理、运行、观测人员的配置比例，降低单位负责、行政管理及辅助人员的配置比例，使水利工程管理单位的人员结构趋于合理。

三、标准的应用要点

《定岗标准》所指的水利工程管理单位，是指直接从事水利工程管理、具有独立法人资格、实行独立核算的工程管理单位。

《定岗标准》中所设置的岗位，为同类型工程管理单位可设置岗位数量的上限，各水利工程管理单位应结合所管工程的功能等合理设置岗位。

《定岗标准》未规定辅助类人员的具体岗位。这是由于不同地方、不同的水利工程管理单位，对工程保卫、车船驾驶、办公及生活区管理、后勤服务等辅助岗位的管理方式不同，并非所有的水利工程管理单位都推行社会化管理，因此，在全国范围内全面推行辅助类人员社会化管理，相关单位必须本着精简效能、逐步推进辅助职能社会化的原则，既要严格控制、精简辅助类岗位及人员，又要尊重水利工程管理的客观实际情况，搞"一刀切"是不现实的。《定岗标准》虽没有设置具体的辅助类岗位，但明确了辅助类岗位定员，以便水利工程管理单位结合自身实际，对辅助人员实行合理的管理方式，灵活设置辅助岗位并确定必需的辅助岗位人员。

根据《实施意见》中关于水利工程管理单位分类定性和管养分离改革的要求，《定岗标准》只对管养分离后纯公益性单位和准公益性单位中公益性部分的管理、运行、观测等岗位进行定岗定员；对于承担水利工程维修养护以及供水、发电等经营性任务岗位的定岗定员，《定岗标准》对其没有规定。

《定岗标准》以管理单一工程的基层水利工程管理单位（独立法人）为对象进行定岗定员。对一个管理单位同时管理多个水利工程的情况（包括一个管理单位同时管理多个小型水库工程的情况），《定岗标准》对其岗位设置和岗位定员的方法有明确的规定。《定岗标准》中未涉及由水利工程管理单位负责管理的其他各类公益性工程或设施（如船闸等），其岗位设置和岗位定员也没有明确的规定。

水政监察工作本应是水行政主管部门的职责，但为了充分利用水利工程管理单位的管理资源，强化水利工程的安全管理，《定岗标准》设置了水政监察岗位。各水利工程管理单位应依据上级水行政主管部门的授权，合理设置水政监察岗位。

党群工作是水利工程管理单位日常工作的重要组成部分，所以设置党群岗位是必需的。考虑到党群机构的设置条件和设置方式要视水利工程管理单位的具体情况而定，故《定岗标准》没有设置党群岗位。但是，水利工程管理单位应依据国家对党群机构设置的有关规定，合理设置党群岗位。

四、贯彻落实应注意的问题

（一）加强领导组织

《定岗标准》由水利部、财政部共同制定，适用于水利部直属试点单位，其他单位参照执行。为有效宣传贯彻《定岗标准》，水利部、财政部共同举办《定岗标准》培训班，全面培训水利工程管理人员，以推进各地水利工程管理体制改革进程。对此，各流域机构、地方各级水行政主管部门、各水利工程管理单位应高度重视、加强领导、精心组织，认真贯彻落实《定岗标准》，积极派有关技术人员参加《定岗标准》培训班，切实领会《定岗标准》所规定的有关内容。

（二）加强协调

《定岗标准》作为《实施意见》的配套性文件，是各水利工程管理单位编制水利工程管理体制改革方案的基础，是各水利工程管理单位定岗定员的依据。各级水行政主管部门要加强与同级财政主管部门及有关部门的沟通协调，要建立以水利行政和财政主管部门牵头、其他相关部门参加的改革工作组织机构，指导各水利工程管理单位、特别是试点单位应用《定岗标准》的内容，开展定岗定员的测算工作，以改革的精神、实事求是的态度，科学、合理地定岗定员，为水利工程管理单位经费测算和确定财政补助经费额度奠定基础。

（三）注意落实

已出台水利工程管理体制改革方案的地区，要抓紧落实改革方案，全面推进改革进程；还未出台水利工程管理体制改革方案的地区，要以《定岗标准》颁布实施为契机，抓住机遇、狠抓落实、加强指导、强化基础工作，主动与财政主管部门和其他相关主管部门沟通、协调，尽早出台改革方案。

（四）把握正确的改革方向

各地在开展水利工程管理体制改革过程中，应本着精减效能的原则，优化人员结构，精简管理机构，积极推进水利工程集约化管理，要提倡一个管理单位同时管理多个水利工程。对于中小型水利工程，可逐步实现区域化管理，组建区域化的维修养护企业。同时，要严格限制新增管理单位，防止并杜绝趁改革之际蓄意膨胀管理单位的行为。实施管养分离改革时，应科学合理地确定分离和分流人员，合理确定维修养护企业人员规模，切忌将单位中的富余人员全部分离到维修养护企业中，以增加维修养护企业的负担。

第三节　水利工程维修养护定额标准

《水利工程维修养护定额标准》（以下简称《定额标准》）的正式发布是国家水利工程管理体制改革和财政预算体制改革的重大突破，它填补了我国财政预算管理和水利部门预算管理方面的空白，为科学编制和核定水利工程维修经费预算、保障资金到位的方面提供了政策依据和标准，标志着水利工程管理体制改革进入实质性阶段。全面学习理解、正确掌握使用《定额标准》，已成为相关单位部门和广大水利工作者的迫切要求。

一、定额标准编制的指导思想

认真贯彻国务院批准颁布的《水利工程管理体制改革实施意见》和国家有关财政预算改革的精神，严格财政预算支出范围，充分体现水利工程管理单位职能、任务和支出特点，坚持勤俭办事，厉行节约，正确处理需求与可能的关系，体现近年来水利基础设施的改善和现代化管理手段的发展趋势。以现行开支标准和实际开支情况为基础，兼顾长远发展要求，力求做到实事求是、科学有据、讲求效益。定额项目的选取与水利工程运行维修养护经费的开支范围和国家财政预算科目相统一，定额标准充分反映水利工程管理单位的行业和工作特点，具有科学性、合理性和可操作性。

定额标准符合下列要求：①体现水利工程管理体制改革的要求，体现水利工程管理体制改革的方向和思路；②体现公益、精简、效能的原则；③体现社会经济发展要求，具有一定的先进性和前瞻性；④体现地域差异和各地经济发展差异，掌握因地制宜原则。

二、定额标准编制的主要依据

定额标准主要以国务院《水利工程管理体制改革实施意见》、财政部《水利事业费管理办法》、财政部《中央级防汛岁修经费使用管理办法》、水利部《水利建筑工程预算定额》等为依据编制的。定额标准的编制还以有关的水利工程管理和水利工程养护修理技术标准作为依据，包括：all70—96《堤防工程管理设计规范》，SL75—94《水闸技术管理规程》，all70—96《水闸工程管理设计规范》，SL255—2000《泵站技术管理规程》，all06—96《水库工程管理设计规范》，SL210—98《土石坝养护修理规程》，SL230—98《混凝土坝养护修理规程》，SL/T246—1999《灌溉与排水工程技术管理规程》，SL/T4—1999《农田排水工程技术规范》《土石坝养护修理规程（报批稿）》《堤防工程养护修理规程（报批稿）》《水利工程管理考核标准（试行）》。

三、定额标准编制的基本思路

根据全国现有水利工程及管理情况，将公益性水利工程进行定性分类，划分工程维修养护等级。依照各类工程管理运行和维修养护工作内容和规范，界定维修养护项目和任务，按照维修养护的项目和任务明晰和量化工作量；参考有关行业定额标准和实际开支情况，对各项开支进行单价分析；再根据工程（工作）量和有关单价计算出各类工程的维修养护经费定额标准。

（一）水利工程定性分类

通过对全国水利工程现状及其维修养护工作类型的调查分析，参照现行水利工程划分类型，在编制定额标准时，将水利工程划分为堤防工程、控导工程、水闸工程、泵站工程、水库工程和灌区工程等6类。

其中控导工程是在游荡性河段河道内修建的整治工程，其结构与堤防差别甚大，维修养护方式和工作量也不同于堤防工程。虽然GB50286—98《堤防工程设计规范》将控导工程列为堤防工程中的堤岸防护工程，但从维修养护角度来看，控导工程应单独列为一类。定额标准中未涉及的其他各类水利工程或设施（如蓄滞洪区、涝区工程）的维修养护定额标准可参照同类工程执行。

根据《实施意见》规定，将现有水利工程定性为以下三类。

第一类是公益性水利工程，指承担防洪、排涝等公益性任务的水利工程。承担其管理运行维护任务的水利工程管理单位是纯公益性事业水利工程管理单位。

第二类是准公益性水利工程，指既有防洪、排涝等公益性任务，又有供水、水力发电等经营性功能的水利工程。承担其管理运行维护任务的水利工程管理单位，是准公益性水利工程管理单位。准公益性水利工程管理单位既有事业单位，也有企业单位。

第三类是经营性水利工程，指城市供水、水力发电等水利工程。承担其管理运行维护任务的水利工程管理单位，是经营性企业水利工程管理单位。

定额标准为公益性水利工程维修养护经费定额标准。对准公益性水利工程，要按照工程的功能或资产比例划分公益部分，划分方法是以下几方面：

（1）同时具有防洪、发电、供水等功能的准公益性水库工程，参照《水利工程管理单位财务制度（暂行）》（〔1994〕财农字第397号文），采用库容比例法划分：

公益部分维修养护经费分摊比例＝防洪库容/（兴利库容＋防洪库容）

（2）同时具有排涝、灌溉等功能的准公益性水闸、泵站工程，按照《水利工程管理单位财务制度（暂行）》的规定，采用工作量比例法划分：

公益部分维修养护经费分摊比例＝排水工时/（提水工时＋排水工时）

（3）灌区工程由各地根据其功能、水费到位情况、工程管理状况等因素合理确定公益部分维修养护经费分摊比例。

（二）划分水利工程维修养护等级

根据全国水利工程的现状，定额标准对堤防工程、控导工程、水闸工程、泵站工程、水库工程和灌区工程按照工程级别和规模划分维修养护等级，分别制定定额标准。

（三）界定维修养护任务和项目

1. 界定维修养护任务

定额标准将水利工程维修养护任务定义为：对已竣工验收交付使用的工程进行养护和岁修，维持、恢复或局部改善原有工程面貌，保持工程的设计功能。其中，工程养护是对工程进行经常保养和防护，及时处理局部、表面、轻微的缺陷和损坏，保持工程的完整、安全与正常运用；工程岁修是每年（或周期性）进行的、对经常养护所不能解决的工程损坏的修复，其不包括大修和抢修。因此，定额标准适用的范围包括：水利工程年度日常维修养护经费预算的编制和核定，超常洪水和重大险情造成的工程修复及工程抢险费用、水利工程更新改造费用及其他专项费用另行申报和核定。

2. 确定维修养护项目

维修养护定额标准本质上是完成维修养护项目的社会平均工时、台班、物料消耗。合理划分水利工程维修养护项目，是制定具有科学性、可操作性的维修养护定额标准的基础。定额标准依据各类水利工程的结构和维修养护技术标准、考核标准，划分水利工程维修养护项目，从而体现了水利工程维修养护工作特点，更加有利于合理地编制水利工程维修养护经费预算，从而加强水利工程维修养护经费管理。

（四）明晰和量化维修养护工程（工作）量

1.明晰和量化维修养护工程（工作）量

维修养护工程（工作）量指维修养护终端对象的数量、面积、体积或维修养护工时、台班和物料消耗等。定额标准采用概化法和基准法来明晰和量化工作量。概化法是以体现某一类水利工程特征的典型工程作为明晰和量化工作量的模型；基准法是以某些特征值作为水利工程规模基准值来计算相应的基准维修养护工程（工作）量。

2.定额标准中明晰和量化工作量的主要依据

（1）水利工程重要性（如堤防工程的设计级别）和水利工程规模。

（2）水利工程实际形态，包括单位工程以及主要单元工程的数量、结构等。

（3）水利工程维修养护技术标准。

（4）外界的实际影响因素。

3.确定工程（工作）量的方法

定额标准中使用以下方法确定水利工程维修养护工程（工作）量：①直接计算水利工程维修养护工程（工作）量；②根据损坏率、损耗率，计算水利工程维修养护工程（工作）量；③根据年维修，计算水利工程维修养护工程（工作）量；④根据多年统计平均值，计算水利工程维修养护工程（工作）量。

（五）确定单位工作量开支

单位工作量开支由直接工程费、间接费、企业利润和税金构成。直接工程费包括直接费（工、料、机器消耗和其他费用）、其他直接费和现场经费。单位工作量开支中的工、料、机器消耗按正常的施工条件、合理的施工组织及施工工艺来确定，并综合考虑维修养护工程的作业面分散等因素。

确定单位工作量开支即单价分析，具有时效性和地域性。全国各地差别很大，不仅有地域差异，也有经济发展、财政状况的差异，因此各地宜根据实际情况进行单价分析。适用于中央直属水利工程的单价分析是依据水利部《水利建筑工程预算定额》《水利工程施工机械台时费定额》《水利工程设计概（估）算编制规定》进行的。

（六）测算工程维修养护经费

各个维修养护项目的经费定额标准为该项目维修养护工程（工作）量和有关单价的乘积，某类水利工程的各个维修养护项目的经费定额标准之和为该类工程的维修养护经费定额标准。

四、定额标准编制的基本内容

定额标准编制的最终成果由总则、定额标准项目构成、维修养护工程（工作）量、维修养护经费的定额标准和附则 5 部分组成。

水利工程维修养护定额标准由堤防工程维修养护定额标准、控导工程维修养护定额标准、水闸工程运行维修养护定额标准、泵站工程运行维修养护定额标准、水库工程运行维修养护定额标准，灌区工程维修养护定额标准 6 部分组成。其中灌区工程，修养护定额标准由渠道、渡槽、倒虹吸、隧洞，滚水坝 5 项工程的维修养护定额标准组成。

（一）总则

总则包括定额标准编制目的、编制原则、适用条件、维修养护项目构成和水利工程维修养护等级划分等。明确其适用条件是水利工程单位正常年度水利工程运行维修养护基本费用支出。超常洪水和重大险情造成的工程修复及工程抢险、更新改造费用另行申报核定。

（二）定额标准项目构成

定额标准分别列出堤防工程、控导工程、水闸工程、泵站工程、水库工程，灌区工程 6 类水利工程的维修养护项目。按工程类别逐级细化维修养护项目，直到能够方便地计算出具体工程量或费用。

适用于中央直属水利工程的定额标准中，我们将维修养护项目分成标准维修养护项目和调整维修养护项目。标准维修养护项目，指定义符合基本条件的标准工程按相关维修养护技术标准规定应完成的工程维修养护项目；调整维修养护项目，指实际存在且应按相关维修养护技术标准要求完成、但未列入标准维修养护项目的项目。地方单位由于全国各地地域差别很大和水利工程的结构、工况千差万别，各地可根据工程实际情况和维修养护内容划分标准维修养护项目和调整维修养护项目，也可以不区分标准维修养护项目和调整维修养护项目，直接取用相应定额。

（三）维修养护工程（工作）量的基本内容

定额标准分别列出堤防工程、控导工程、水闸工程、泵站工程、水库工程、灌区工程 6 类水利工程的基准维修养护工程（工作）量。基准维修养护工程（工作）量是以水利工程规模基准值为依据，经计算所得的水利工程的维修养护工程（工作）量。实际水利工程维修养护定额工程（工作）量与工程的规模、工程实际形态、外界的实际影响因素等有关。为量化各个影响因素对实际水利工程维修养护工程（工作）量的影响关系，并提高实际水利工程维修养护工程（工作）量计算精度，定额标准设置了调整系数，并具体到规定各个影响因素的影响对象、计算基准和调整系数取值方法。

在适用于中央直属水利工程的定额标准中，调整系数用于实际水利工程维修养护经费测算。

（四）维修养护经费的定额标准

定额标准分别列出堤防工程、控导工程、水闸工程、泵站工程、水库工程，灌区工程 6 类水利工程的基本维修养护经费。基本维修养护经费是以水利工程规模基准值为依据经计算所得的水利工程的维修养护经费。

实际水利工程维修养护经费与工程的规模、工程实际形态、外界的实际影响因素等有关。为量化各个影响因素对实际水利工程维修养护经费的影响关系，提高实际水利工程维修养护经费计算精度，定额标准设置了调整系数，并具体规定了各个影响因素的影响对象、计算基准和调整系数取值方法。

（五）附则

附则规定了定额标准的执行日期、解释修改权及适用范围。

除了以上基本内容之外，在定额标准编制过程中还形成了详细的《水利工程维修养护定额标准编制说明》。《水利工程维修养护定额标准编制说明》作为《水利工程维修养护定额标准》的基础和支撑，全面详细地反映按照定额标准的思路和基本框架对经过细化处理的维修养护项目逐项进行分析、列举、计算，最终确定每个项目的工程（工作）量和定额标准的确定过程。

第四节　水利工程管理体制改革实例

一、浙江省水利工程管理体制改革实施办法的制定

浙江省为了确保水利工程的安全运行，充分发挥水利工程的效益，促进水资源的可持续利用，保障经济社会的可持续发展，根据《国务院办公厅转发国务院体改办关于水利工程管理体制改革实施意见的通知》（国办发〔2002〕45 号）精神，结合实际，为加快浙江省水利工程管理体制改革（以下简称水管体制改革），制定了以下实施办法。

（一）水管体制改革的目标和原则

1.改革的目标

根据水利工程管理特点，借鉴有关行业改革的成功经验和国内外水利工程管理的有益做法，理顺体制，创新机制，提高效益，积极稳妥地推进水管体制改革，力争在 3~5 年内初步建立符合浙江省省情、水情和社会主义市场经济要求的水利工程管理体

制和运行机制。具体工作包括：①建立职能清晰、权责明确的水管体制；②建立管理科学、经营规范的水利工程管理单位运行机制；③建立市场化、专业化和社会化的水利工程维修养护体系；④建立合理的水价形成机制和有效的水费计收方式；⑤建立规范的资金投入、使用、管理与监督机制；⑥建立较为完善的政策、法律体系。

2.改革的原则

（1）正确处理水利工程社会效益与经济效益的关系。既要确保水利工程社会效益的充分发挥，又要引入市场机制，降低水利工程的运行管理成本，提高管理水平和经济效益。

（2）正确处理水利工程建设与管理的关系。既要重视水利工程建设，又要重视水利工程管理，在加大工程建设投资的同时，加大工程管理的投入，从根本上解决"重建轻管"问题。

（3）正确处理责、权、利的关系。既要明确政府各有关部门和水利工程管理单位的权利和责任，又要在水利工程管理单位内部建立有效的约束和激励机制，使管理责任、工作绩效同职工的切身利益紧密挂钩。

（4）正确处理改革、发展与稳定的关系。既要从水利行业的实际出发，大胆探索，勇于创新，又要积极稳妥，充分考虑各方面的承受能力，把握好改革的时机与步骤，确保改革顺利进行。

（5）正确处理近期目标与长远目标发展的关系。既要努力实现水管体制改革的近期目标，又要确保新的管理体制有利于水资源的可持续利用和生态环境的协调发展。

（6）正确处理普遍性与特殊性的关系。既要解决水管体制中存在的共性问题，又要从各地、各单位的实际出发，围绕改革的总体目标，做到实事求是、因地制宜地推进改革。

（二）水管体制改革的主要内容

1.划分水利工程管理单位类别和性质并严格定编定岗

（1）划分水利工程管理单位类别和性质。根据水利工程管理单位承担的任务和收益状况，将水利工程管理单位分为以下三类：

第一类为纯公益性水利工程管理单位。指承担防洪、排涝、抗旱、挡潮等水利工程管理运行维护任务的水利工程管理单位，定性为事业单位。

第二类为准公益性水利工程管理单位。指既承担防洪、排涝、抗旱等公益性任务，又承担供水、水力发电等经营性功能的水利工程管理运行维护任务的水利工程管理单位。准公益性水利工程管理单位依其经营收益情况而确定性质，不具备自收自支条件的，定性为事业单位；具备自收自支条件的，定性为企业。目前已转制为企业的，保持企业性质不变。

第三类为经营性水利工程管理单位。指承担水力发电、城镇供水等水利工程管理运行维护任务的水利工程管理单位，定性为企业。

水利工程管理单位的具体性质由各级机构编制部门会同同级财政和水行政主管部门负责确定。

（2）严格定编定岗。公益性和准公益性事业性质的水利工程管理单位，其编制由机构编制部门会同同级财政部门和水行政主管部门核定。准公益性水利工程管理单位中从事经营性资产运营和其他经营活动的人员上岗，不再核定编制。水利工程管理单位内部实行水利工程运行管理和维修养护分离（以下简称管养分离）的，维修养护人员仍需核定编制；若彻底分离的水利工程管理单位，不再核定维修养护人员编制。水利工程管理单位应在批准的编制总额内合理定岗，并实行持证上岗。各岗位的具体职责和任职资格条件参照浙江省水行政主管部门、机构编制部门、财政部门共同制定的有关标准执行，水行政主管部门要加强监管。

2. 建立科学的人事和分配制度

事业性质的水利工程管理单位，要按照精简、高效的原则，撤并不合理的管理机构；在核定的编制内，合理设置岗位，严格控制人员；要全面实行聘用制，按岗聘人，职工竞争上岗，逐步形成能进能出的用人机制，并建立严格的目标责任制度；水利工程管理单位负责人由主管部门从具备任职资格条件的人选中通过竞争方式选任，定期考评，实行优胜劣汰的制度。事业性质的水利工程管理单位仍执行国家统一的事业单位工资制度，同时鼓励在国家政策指导下，探索符合市场经济规则、灵活多样的分配机制，把职工收入与工作责任和绩效紧密结合起来。企业性质的水利工程管理单位，按照产权清晰、权责明确、政企分开，管理科学的原则建立现代企业制度，构建有效的法人治理结构，做到自主经营，自我约束，自负盈亏，自我发展；水利工程管理单位负责人由企业董事会或上级机构依照相关规定聘任，其他职工由水利工程管理单位择优聘用，并依法实行劳动合同制，签订劳动合同。

3. 逐步实现集约化、社会化和市场化管理

（1）逐步推行集约化管理。各级水行政主管部门要优化配置管理资源，积极探索集约化管理的多种形式。一个县（市、区）行政区划内的国有公益性水利工程可以由一个水利工程管理单位进行集中管理，或者对处于同一流域的若干水利工程实行集中管理；或者依托大型水利工程对周边的水利工程实行集中管理，以提高管理效率。

（2）积极推行管养分离。为精简管理机构，提高养护水平，降低运行管理和维修养护的成本，要逐步实行水利工程的管养分离。推行管养分离可以分三步：第一步，水利工程管理单位内部实行管理与维修机构、人员、经费分离，按维修养护工作量和定额拨款，对维修养护人员落实项目责任制，实行目标管理。第二步，将维修养护人员与水利工程管理单位分离，单独或联合组建物业管理公司等专业化养护企业，承担原单位或其他相关工程及设备的维修养护，实行合同管理。第三步，将管、养彻底分离，水利工程管理单位通过招标方式择优确定维修养护企业，实现水利工程维修养护的社

会化、市场化、专业化。有条件的地方可以一步到位。

为确保水利工程管养分离的顺利实施，各级财政部门应保证经核定的水利工程维修养护资金足额到位。各级政府和水行政主管部门以及有关部门要努力创造条件，培育维修养护市场主体，规范维修养护市场秩序，实行水利物业管理准入制度，对水利工程物业管理单位实行资质管理。

（3）实行建管结合。新建水利工程的建设要与管理有机结合，建设方案与管理方案同时制定，核算管理成本，明确工程的管理体制、管理机构和运行管理经费来源，对没有管理方案的工程不予立项。要在工程建设过程中将管理设施与主体工程同步实施，管理设施不健全的工程不予验收。公益性水利工程运行维护管理机构可采用招标方式，择优选择有资质的水利物业管理公司承担运行维护管理。

（4）推行多种形式的小型农村水利工程管理方式。按照落实管理主体、明确管理责任、提高管理效益的要求，明确所有权，搞活经营权，因地制宜，采用承包、租赁、拍卖、股份合作等灵活多样的经营方式和运行机制。探索建立以各种形式的农村用水合作组织为主的管理体制。乡（镇）人民政府负责辖区内小型水利工程的安全管理。县级水行政主管部门要切实加强对小型农村水利工程的行业管理和安全监督。

4.加强国有水利资产的运营管理

（1）规范水利工程管理单位的经营活动，严格资产管理。由财政全额拨款的纯公益性水利工程管理单位不得从事经营性活动。准公益性水利工程管理单位要科学划分公益性和经营性资产，对承担防洪、排涝等公益职能部门和承担供水、发电及多种经营职能部门进行严格划分，将经营部门转制为水利工程管理单位下属企业，做到事企分开、财务独立核算。事业性质的准公益性水利工程管理单位在核定财政资金到位的情况下，不得兴办与水利工程无关的多种经营项目，已经兴办的要限期脱钩；在确保工程安全和原有社会责任前提下，企业可积极开发利用工程所拥有的资源，努力实现工程效益最大化。企业性质的准公益性水利工程管理单位和经营性水利工程管理单位自主经营、自负盈亏，但必须保证水利工程日常维修养护经费的足额到位并按规定提取工程折旧。

（2）盘活经营性水利资产，提高经济效益。企业要按照《国有资产评估管理办法实施细则》和现行的《行政事业单位国有资产管理办法》等规定，进行资产评估、产权界定、资产核销、处理债权债务，核实国有水利资产，理顺产权关系。在保证工程安全前提下，允许将相对独立的经营性资产采取以转让、拍卖、出租、承包、股份制等方式推向市场；对与公益性资产不可分割的经营性资产，可实行所有权与经营权相分离，把经营权推向市场。明确国有资产出资人代表，积极培育具有一定规模的国有或国有控股的企业集团，负责水利经营性项目的投资和运营，承担经营性国有资产的保值增值责任。

5. 完善水价形成机制并强化水费计收管理

（1）逐步理顺水价。水利工程供水价格要按照补偿成本、合理收益、优质优价、公平负担的原则制定，实行分类定价。农业用水按照补偿成本的原则核定，不计利润和税金；非农业用水（不含水力发电用水）价格在补偿供水成本、费用，依法计税、计提合理利润的基础上确定。水价要根据水资源状况、供水成本及市场供求变化适时进行调整。

（2）强化水费计收管理。要改进农业用水计量设施和方法，逐步推广按立方米计量。积极培育农民用水合作组织，改进收费办法，减少收费环节，提高缴费率。任何单位和个人不得截留、挪用水费。供水经营者与用水户通过签订供水合同，规范双方的责任和权利。

6. 规范财政支付范围和方式并严格资金管理

（1）按照谁受益、谁负担的原则和各类水利工程管理单位的不同性质，采取不同的财政支付政策。纯公益性水利工程管理单位，其编制内在职人员经费、离退休人员经费、公用经费等基本支出应由同级财政负担。工程日常维修养护经费在水利工程维修养护岁修资金中列支。工程更新改造费用纳入基本建设投资计划，在非经营性资金中安排。

事业性质的准公益性水利工程管理单位，其编制内承担公益性任务的在职人员经费、离退休人员经费、公用经费等基本支出，以及准公益性部分的工程日常维修养护经费等项支出，由同级财政负担，更新改造费用并纳入基本建设投资计划；经营性部分的工程日常维修养护经费由企业负担，更新改造费用在折旧资金中列支，不足部分在非经营性资金中安排。事业性质的准公益性水利工程管理单位的经营性资产收益和其他投资收益要纳入单位的经费预算。各级水行政主管部门应及时向同级财政部门报告该类水利工程管理单位各种收益的变化情况，以便财政部门实现动态核算，并适时调整财政补贴额度。

企业性质的水利工程管理单位，其所管理的水利工程的运行、管理和日常维修养护资金由水利工程管理单位自行筹集。企业性质的水利工程管理单位要加强资金积累，提高抗风险能力，确保水利工程维修养护资金和更新改造资金的足额到位，以保证水利工程的安全运行。对原来未提折旧、但承担部分公益性职能的水利工程管理单位，其中公益性部分资产维修养护、更新改造资金，财政可适当给予补助。

水利工程日常维修养护经费数额，由财政部门会同同级水行政主管部门依据《水利工程维修养护定额标准》确定。财政部门在全面审核水利工程管理单位收支情况的基础上，可以采取将单位全部收入纳入预算，核定收支计划，实行对水利工程日常维修养护定额或定项补助。

（2）积极筹集公益性水利工程运行维护管理经费。各级政府要合理调整水利支出结构，积极筹集、落实公益性水利工程运行维护管理经费。经费的主要来源：①国有经营性水利资产经营收益；②水行政主管部门行政事业性收费；③地方水利建设基金（含水利建设专项资金）；④按国家和浙江省有关规定，受益区依法合理承担工程维护管理费；⑤不足部分由地方政府统筹安排。

2004 年起，浙江省省级水利建设基金的 30% 和水利建设专项资金的 30%，用于浙江省省属水利工程运行维护管理、浙江省全省性水利工程管理基础研究工作、重要水利工程安全监测与运行调度系统的运行维护管理，以及对跨市行政区划的流域性骨干水利工程的维修养护、跨流域调水工程管理、重要水利工程安全巡查以及欠发达地区、革命老区县（市、区）所属的非经营性水利工程维修养护经费等的适当补助。市、县（市、区）应从地方水利建设基金和水利建设专项资金中提取一定比例作为公益性水利工程维修养护岁修资金，具体比例由各地根据实际需要确定，不足部分由当地财政预算安排。国有经营性水利资产经营收益，原则上应该全部用于水利工程的运行维修养护管理，并可以在本县（市、区）范围内统筹用于水利工程运行维护管理。

（3）严格资金管理。所有事业性质的水利工程管理单位均实行"收支两条线"管理。要加强对纯公益性和事业性质的准公益性水利工程管理单位的防汛防旱经费、工程维护经费、更新改造经费和经营性部分工程折旧资金等的管理，做到专款专用，严禁挪作他用的行为。企业性质的水利工程管理单位按规定提取的工程折旧，必须专款专用，以保证工程的更新改造。各有关部门要加强对水利工程管理单位各项资金使用情况的审计和监督。

7. 规范管理并明确权责

（1）规范管理体制。跨行政区划的重要水利工程，原则上由上一级水行政主管部门负责统一管理。同一行政区划内的水利工程，由当地水行政主管部门负责管理。浙江省政府已明确由市、县（市、区）管理的跨行政区划的水利工程，继续保持现有体制。市、县（市、区）内跨行政区划水利工程的管理体制，由市、县（市、区）人民政府根据实际情况决定。各级地方人民政府要按照国家和浙江省的有关规定，支持水利工程管理单位尽快完成水利工程的确权划界工作，明确水利工程的管理和保护范围。

（2）明确管理责任。各级人民政府应依法保障本行政区域内水利工程的安全，限期消除险情。水行政主管部门对各类水利工程依法行使监督管理职能，负有行业管理责任。浙江省水行政主管部门对全省水利工程管理负有行业管理责任，并依法对大型水利工程和跨市的水利工程进行调度和监督管理；市、县（市、区）水行政主管部门对本行政区划内水利工程管理负有行业管理责任。

水利工程主管部门对所属的水利工程负有安全管理、资金使用和资产运行的监督管理责任。业主对水利工程负有安全管理责任。

水利工程管理单位具体承担水利工程的管理、运行和维护，对工程安全和发挥效益负责。各级水行政主管部门和水利工程管理单位要严格执行各项有关水管的法律、法规，做到有法可依、执法必严、违法必究。水利工程管理单位要加强内部制度建设，建立健全的水利工程运行维护管理标准和规章制度。

（3）落实责任追究。各级水行政主管部门和水利工程管理单位要强化安全管理意识，加强对水利工程的安全保卫工作，确保水利工程安全。水行政主管部门直接管理的水利工程出现安全事故，要依法追究水利工程管理单位、水行政主管部门和当地政府负责人的责任；其他水利工程出现安全事故，要依法追究水利工程管理单位、工程业主、工程主管部门的安全管理责任，依法追究水行政主管部门的行业管理责任及当地政府负责人的领导责任。

（4）加强环境保护。水利工程管理单位要做好水利工程管理范围内的防护林（草）建设和水土保持工作，并采取有效措施，保障下游生态用水需要。水利工程管理单位开展多种经营活动应避免污染水源和破坏生态环境。环保部门要组织开展有关环境监测工作，加强对水利工程及周边区域环境保护的监督管理。

（三）水管体制改革的配套政策和措施

1. 妥善安置分流人员

水行政主管部门和水利工程管理单位在定岗定编和实行聘用制的基础上，要广开渠道，妥善安置分流人员，支持和鼓励分流人员开展具有行业和自身优势的多种经营项目。利用水利工程的管理和保护区域内的水土资源进行生产或经营的企业，要优先安排水利工程管理单位分流人员。在清理水利工程管理单位现有经营性项目的基础上，要把部分经营性资产的剥离与分流人员的安置结合起来。

水利工程管理单位在改革时，根据所划定的性质，参照当地企事业单位改革政策执行。水利工程管理单位转制为企业的，要依法转换劳动关系，明确双方的权利和义务。

剥离水利工程管理单位兴办的社会职能机构，水利工程管理单位所属的学校、医院原则上要移交当地政府管理，成建制划转。在分流人员的安置过程中，各级政府和水行政主管部门要积极做好统筹安排和协调工作。

2. 落实社会保障政策

各类水利工程管理单位应按照有关法律、法规和政策参加所在地的基本养老、医疗、失业、工伤，生育等社会保险。事业单位性质的水利工程管理单位按照各地事业单位社会保障政策执行。事业单位转制为企业的，浙江省属水利工程管理单位依照《浙江省人民政府关于推进省属事业单位改制的若干政策意见》（浙政办函〔2002〕45号）执行，各市、县（市、区）水利工程管理单位可依照当地事业单位改制政策执行。各地应做好转制前后离退休人员养老保险待遇的衔接工作。

鼓励有条件的企业按规定建立企业补充养老、医疗保险。历年积累的工资福利等个人消费基金节余经批准可用于企业职工补充养老、医疗保险。

3.实行税收扶持政策

在实行水管体制改革中，为安置水利工程管理单位分流人员而兴办的多种经营企业，符合国家有关税收规定的，经税务部门批准，执行相应的税收优惠政策。

4.统筹解决改革所需资金

水利工程管理单位改制、转换劳动关系所需要的资金，可通过对水利工程管理单位拥有的土地、林木、水面等自然资源以及工程设备、房屋等部分资产，进行公开有偿出让使用权、承包租赁等途径解决。确实有困难的，各地财政应予以适当补助。

（四）积极稳妥地推进水管体制改革

水管体制改革涉及面广、政策性强、任务繁重，各地、各部门要高度重视，统一思想，切实加强领导。浙江全省水管体制改革由省水行政主管部门会同有关部门负责，各有关部门要密切配合，加强对各地改革工作的指导，及时研究改革中出现的问题，并提出解决的措施。

各市、县（市、区）人民政府要将水管体制改革纳入重要议事日程，依据本实施办法，结合当地实际，尽快研究制定具体实施方案和政策，并及时组织实施。各级水行政主管部门和水利工程管理单位要广泛宣传，做好职工的思想政治工作，认真落实改革方案，确保水管体制改革的顺利进行和水利工程的安全运行。

二、福建省水利工程管理体制改革实施方案的制定

福建省为确保水利工程安全运行，充分发挥水利工程的效益，促进水资源的可持续利用，保障经济社会的可持续发展，根据国务院办公厅转发的《水利工程管理体制改革实施意见》（国办发〔2002〕45号），结合福建省实际，制定本实施方案。

（一）水利工程管理体制改革的必要性和紧迫性

水利工程是国民经济和社会发展的重要基础设施。新中国成立以来，福建省兴建了一大批水利工程，初步形成了比较完善的防洪、挡潮、灌溉、排涝、供水，发电等水利工程体系，在抗御水旱灾害，保障经济社会安全，促进工农业生产持续稳定发展等方面发挥了重要的作用。

但是，水利工程管理存在的问题也日趋突出，主要包括：水利工程管理体制不顺、权责不明；水利工程管理单位（下称水利工程管理单位）机制臃肿；水利工程运行管理、维修养护经费不足；水价形成和计收机制不合理；国有水利经营性资产管理运营体制不完善等。这些问题不仅导致大量水利工程得不到正常的维修养护，效益衰减，而且影响着水利工程的安全运行，也给国民经济和人民生命财产安全带来极大的隐患，如不从根本上解决，大量水利设施势必老化失修，积病成险。因此，推进水利工程管理体制改革（下称水管体制改革）势在必行。

（二）水管体制改革的目标、原则和对象

1. 改革的目标

力争在 3~5 年内初步建立符合福建省省情、水情和社会主义市场经济要求的水利工程管理体制和运行机制。主要包括：①建立职能清晰、权责明确、分类管理的水利工程管理体制；②建立管理科学、经营规范的水利工程管理单位运行机制；③建立市场化、专业化和社会化的水利工程维修养护体系；④建立合理的水价形成机制和有效的水费计收方式；⑤建立规范的资金投入、使用、管理与监督机制；⑥建立较为完善的政策、法律支撑体系。

2. 改革的原则

（1）正确处理社会效益与经济效益的关系。既要确保水利工程社会效益的充分发挥，又要引入市场竞争机制，降低水利工程的运行管理成本，从而提高水利工程的管理水平和经济效益。

（2）正确处理建设与管理的关系。既要重视水利工程建设，又要重视水利工程管理，在加大工程建设投资的同时加大工程管理的投入，从根本上解决"重建轻管"的问题。

（3）正确处理责、权、利的关系。既要明确政府各有关部门和水利工程管理单位的权利和责任，又要在水利工程管理单位内部建立有效的约束和激励机制，使实现权利责任、工作绩效和职工的切身利益紧密相关。

（4）正确处理改革、发展与稳定的关系。既要从水利行业的实际出发，大胆探索，勇于创新，又要积极稳妥，充分考虑各方面的承受能力，把握好改革的时机与步骤，确保改革顺利进行。

（5）正确处理近期目标与长远目标发展的关系。既要努力实现水管体制改革的近期目标，又要确保新的管理体制有利于水资源的可持续利用和生态环境的协调发展。

3. 改革的对象

水管体制改革的对象为具有独立会计核算的各类国有水利工程管理单位。

（三）水管体制改革的主要内容

1. 明确权责并规范管理

（1）实行分级管理。同一个行政区划内的水利工程，由当地水行政主管部门负责管理；跨两个以上行政区划的水利工程，原则上由上一级水行政主管部门负责管理，也可委托某一主要受益区水行政主管部门管理。九龙江北溪引水工程由省水行政主管部门负责管理。

（2）明确责任主体。水利工程管理单位负责水利工程的管理、运行和维护，保证工程安全和发挥效益。水行政主管部门对各类水利工程负有行业管理责任，负责监督检查水利工程的管理养护和安全运行，对其直接管理的水利工程负有监督资金使用和

进行资产管理责任，按照政企分开、政事分开的原则，转变职能，改善管理方式。各级地方政府是水利工程管理的责任主体，应协调有关部门加强水利工程管理，落实运行维修经费，组织抢险和除险加固等。

（3）完善责任追究制度。水行政主管部门的水利工程出现安全事故的，要依法追究水行政主管部门、水利工程管理单位和当地政府负责人的责任；其他部门所属的水利工程出现安全事故，要依法追究业主责任和水行政主管部门的行业管理责任。

2. 划分类别并确定性质

根据水利工程管理单位承担的任务和收益状况，将现有水利工程管理单位分为以下三类：

第一类指承担防洪、挡潮、排涝、抗旱和农业灌溉等水利工程管理运行维护任务的水利工程管理单位，称为纯公益性水利工程管理单位，定性为事业单位。

第二类指既承担上述某项公益性任务，又兼有供水、发电等经营性功能的水利工程管理运行维护任务的水利工程管理单位，称为准公益性水利工程管理单位。准公益性水利工程管理单位依其经营收益情况确定性质，不具备自收自支条件的，定性为事业单位，具备自收自支条件的，定性为企业。目前已转制为企业的，维持企业性质不变。

第三类是指承担城市供水、水力发电等水利工程管理运行维护任务的水利工程管理单位，称为经营性水利工程管理单位，其定性为企业。

水利工程管理单位的性质由机构编制部门会同同级财政和水行政主管部门负责确定。

3. 定编定岗并测算支出

事业性质的水利工程管理单位，其编制由机构编制部门核定。实行水利工程运行管理与维修养护分离（下称管养分离）后的维修养护人员、准公益性水利工程管理单位中从事经营性资产运营和其他经营活动的人员，不再参与核定编制。

确定为事业性质的水利工程管理单位要在批准的编制总额内，合理定岗。事业性质的水利工程管理单位应进行收支测算。根据批准的编制测算基本支出，按照国务院有关部门制定的《水利工程维修养护定额标准》《水利工程养护修理及运行费用预算编制规定》，测算维修养护费用；按财政部《水利工程管理单位财务制度》的规定计算折旧。测算成果报水行政主管部门会同财政部门核准。

4. 规范财政支付并严格资金管理

（1）确定财政支付的范围和方式。根据水利工程管理单位的类别和性质的不同，采取不同的财政支付政策。纯公益性和准公益性水利工程管理单位，其编制内承担公益性任务的在职人员经费、离退休人员经费、公用经费等基本支出由同级财政负担，公益性部分的工程日常维修养护经费在水利工程维修养护岁修资金中列支。工程更新改造费用除业主自筹外，福建省省管项目由计划、财政、水利等部门给予适当补助，其他项目由同级政府统筹安排。事业性质的准公益性水利工程管理单位，经营性部分的工程日常维修养护和更新改造经费由企业负担。经营性资产收益和其他投资收益要纳入单位的经费预算。各级水行政主管部门应及时向同级财政部门报告该类水利工程管理单位各种收益的变化情况，以便财政部门实现动态核算，并适时调整财政补贴额度。

企业性质的水利工程管理单位，其所管理的水利工程的运行、管理和日常维修养护等资金由水利工程管理单位自行筹集。企业性质的水利工程管理单位要加强资金积累，提高抗风险的能力，确保水利工程维修养护资金的足额到位，保证水利工程的安全运行。

（2）积极筹集水利工程维修养护岁修资金。为保障水管体制改革的顺利推进，各级政府要合理调整水利支出结构，积极筹集水利工程维修养护岁修资金。福建省省级水利工程维修养护岁修资金来源为省级水利建设基金的30%，不足部分由省财政给予安排。市、县水利建设基金优先用于本辖区内水利工程的维修养护，不足部分由同级财政给予安排。福建省省级水利维修养护岁修资金用于省属水利工程的维修养护，以及对经济欠发达地区的公益性水利工程的维修养护经费的补贴；区市级水利维修养护岁修资金主要用于市属水利工程的维修养护，以及对辖区内经济欠发达县的公益性水利工程维修养护经费的补贴。

（3）严格资金管理。所有水利行政事业性收费均实行"收支两条线"管理，缴入同级财政专户或国库。经营性水利工程管理单位和准公益性水利工程管理单位所属企业必须按规定提取工程折旧。工程折旧资金、维修养护经费、更新改造经费要做到专款专用，严禁挪作他用。相关部门要加强对水利工程管理单位各项资金使用情况的审计和监督。

5. 推行管养分离并提高养护水平

积极推进水利工程管养分离，精简管理机构，提高养护水平，降低运行成本。管养分离分三步实施：第一步，在水利工程管理单位内部将维修养护业务和维修养护人员进行剥离，对维修养护实行内部合同管理。第二步，将维修养护人员从水利工程管理单位进行分离，独立为企业，仍以承担原单位的养护任务为主。第三步，逐步实行工程维修养护专业化、社会化，水利工程管理单位通过招标方式择优选择并确定维修养护企业。

为确保水利工程管养分离的顺利实施，各级财政部门应保证水利工程维修养护资金足额到位。各级政府和水行政主管部门及有关部门应当努力创造条件，培育维修养护市场主体，规范维修养护市场秩序。

6. 安置分流人员并落实社保政策

（1）妥善安置分流人员。水行政主管部门和水利工程管理单位要在定编定岗基础上，广开渠道，妥善安置分流人员。支持和鼓励分流人员大力开展多种经营，特别是与水利工程相关的旅游、水产养殖、农林畜产和建筑施工等具有行业自身优势的项目。利用水利工程的管理和保护区域内的水土资源进行生产经营的企业，要优先安排水利工程管理单位分流人员。在清理水利工程管理单位现有经营项目中，要把经营性项目的剥离与安置分流人员结合起来。在分流人员的安置过程中，各级政府和水行政主管部门、财政、劳动保障、人事部门要做好统筹安排和协调工作。

（2）落实社会保障政策。各类水利工程管理单位应依照国家和福建省有关法律、法规和政策参加基本养老、医疗、失业、工伤、生育等社会保险。转制为企业的水利工程管理单位中已参加养老保险的，维持原有的养老保险制度，其中对改制前已参加机关事业养老保险的职工仍享受机关事业养老保险待遇。改制之后调进和新录用人员执行城镇企业职工基本养老保险制度；未参加养老保险的单位，按属地原则参加城镇企业职工基本养老保险。

7.严格区分事企并规范经营活动

纯公益性水利工程管理单位在财政资金足额到位的情况下不得从事经营性活动。准公益性水利工程管理单位要在科学划分公益性和经营性资产的基础上，对内部承担防洪、排涝、灌溉等公益性职能部门和承担供水、发电等经营性职能部门进行严格划分，将经营部门转制为水利工程管理单位下属企业，做到事企分开、财务独立核算。事业性质的准公益性水利工程管理单位在核定财政资金足额到位的情况下，不得兴办与水利工程无关的多种经营项目，已经兴办的要限期脱钩。企业性质的准公益性水利工程管理单位和经营性水利工程管理单位的投资经营活动，原则上应围绕与水利工程相关的项目进行，并保证水利工程日常维修养护经费的足额到位。

（四）水管体制改革的主要措施

1.建立合理的水价形成机制逐步理顺水价

非农业用水（不含水力发电用水）供水价格要遵循补偿成本、合理收益、节约用水、公平负担的原则核定。水价要根据水资源状况、供水成本以及市场供求变化适时调整，分步到位。地方水价的制定和调整按《福建省定价目录》的规定执行。福建省价格主管部门和水行政主管部门要适时修订《福建省水利工程供水价格管理办法》。

2.执行税收扶持政策

在推进水管体制改革中，为安置水利工程管理单位分流人员而兴办的多种经营企业，符合有关《中华人民共和国税法》规定的，经税务部门核准，执行相关的税收优惠政策。

3.积极推进小型水利设施产权制度改革

执行福建省人民政府《关于小型水利设施产权制度改革的意见》，实行"拍卖、股份合作、租赁、承包"等多种经营模式和运行机制,明晰小型水利设施所有权,明确责任主体,建立与社会主义市场经济相适应的小型水利设施经营管理与投资体制和运行机制。

4.深化水利工程管理单位内部机构改革和人事制度改革

根据水利工程管理单位的特点,分类推进机构、人事、劳动、分配等相关制度改革。事业性质的水利工程管理单位,要按照精简、高效的原则,撤并不合理的管理机构,严格控制人员编制。全面实行人员聘用制度,科学设岗,公开招聘,按岗聘用,合同管理,竞争上岗,严格考核,建立健全目标责任制度,妥善安置未聘人员;水利工程管理单位负责人由主管部门通过竞争方式选任,定期考评,实行优胜劣汰。事业性质的水利工程管理单位仍实行国家统一的工资制度,同时鼓励在国家政策指导下,探索符合市场经济规则、灵活多样的分配机制,把职工收入与工作职责和绩效紧密结合起来。

企业性质的水利工程管理单位,要按照产权清晰、权责明确、政企分开、管理科学的原则建立现代企业制度,做到自主经营,自我约束,自负盈亏,自我发展;水利工程管理单位负责人由企业董事会或上级机构依照相关规定聘任,其他职工由水利工程管理单位择优聘用,并依法实行劳动合同制度,与职工签订劳动合同。要积极推进以岗位工资为主的工资分配制度,明确职责,合理拉开各类人员收入差距。

5.加强国有资产管理

明确水利工程管理单位管护范围,搞好确权划界工作。各级地方政府按照有关规定,支持水利工程管理单位尽快完成水利工程的确权划界工作,明确水利工程的管理和保护范围。加强对国有资产的管理,明确国有资产出资人代表,规定出资人权益,推进水利工程目标管理。未进行清产核资的水利工程管理单位要尽快开展清产核资工作。在产权制度改革中,应搞好国有资产评估,建立和完善监管制度,以防止国有资产流失。

6.完善新建水利工程管理体制

新建水利工程应全面实行项目法人责任制、招标投标制、合同管理制、工程监理制和竣工验收制,落实工程质量终身责任制,确保工程质量。

要实现新建水利工程建设与管理的有机结合。新建工程在编制可行性报告时要制定管理方案,核算管理成本,明确工程的管理体制、管理机构和运行管理经费来源,对没有管理方案的可行性报告不予立项。在工程建设过程中,管理设施与主体工程要同步实施,管理设施不健全的不予验收。

新建工程要积极探索社会化、专业化、市场化维修养护管理新模式。

7.加强水利工程资源管理、环境保护和安全生产

(1)加强资源管理。水利工程的建设与管理要以水资源的优化配置和可持续利用为目标，严格执行水资源论证、取水许可和水资源有偿使用"三项制度"，以及水土保持方案编制与审批制度和水土保持"三同时"制度。水利工程管理单位要做好水利工程管理范围内防护林（草）建设和水土保持工作，并采取有效措施，保障下游生态用水需要。水行政主管部门要组织开展水利工程水质监测与报告，强化水利工程管理范围内水资源的保护和管理。

（2）加强环境保护。水利工程的建设与管理要遵循国家环保法律法规，严格执行环境影响评价制度和环境保护"三同时"制度。基建项目环境影响报告书的审批，由环保行政主管部门在规定的审批时限内完成。涉及水土保持和海岸工程的建设项目，请水行政主管部门、海洋与渔业行政主管部门参与审查，并在规定的时限内向环保行政主管部门出具书面意见。水利工程管理单位开展多种经营活动应当避免污染水源和破坏生态环境，项目建设完工后，应及时恢复植被。环保部门要加强对水利工程及周边区域环境保护的监测管理，组织开展环境监测工作，水利工程管理单位应予以积极配合。

（3）强化安全管理。水利工程管理单位要强化安全意识，并加强对水利工程的安全保卫工作。利用水利工程的管理和保护范围内的水土资源开展的旅游等经营项目，要在确保水利工程安全的前提下进行。水利工程的运用要服从防汛指挥部门对防汛抗旱的调度。原则上不得将水利工程作为主要交通通道；对于大坝坝顶、堤顶或水闸确需兼做公路的，需经科学论证和水行政主管部门批准，并采取相应的安全维护措施；未经批准，已作为主要交通通道的，对大坝要限期实行坝路分离，对堤防、水闸要限制交通流量。

8.完善法治建设并严格依法行政

结合政府审批制度改革，清理、修改各种不相适应的规范性文件，加快制定和完善水利工程管理的有关政策与法规，为水利工程管理体制的改革提供强有力的保障。各级水行政主管部门要按照管理权限严格依法行政，加大水行政执法力度。制定具体计划并组织实施，以确保水管体制改革的各项任务按期完成。

各级水行政主管部门和水利工程管理单位要认真组织落实改革方案，做好职工的思想政治工作，按步骤积极稳妥地推进改革，确保水管体制改革的顺利进行、水利工程安全运行和社会安定稳定。

第八章　水利工程建设项目施工管理

水利工程建设是一项综合复杂的系统工程，项目法人（或称业主）将工程的总体目标和任务分解后，采用合同的形式委托给不同责任主体。各责任主体通过组织措施、管理措施、技术措施和经济措施，实现各方的目标和任务。本章节从承包人的角度，阐述水利工程建设项目的施工管理。

第一节　承包人施工前准备工作

承包人施工前的准备工作包括：技术准备工作和人员、物资准备工作等。技术准备工作主要是指施工技术措施、场地规划和施工总布置以及施工技术保证措施等；人员、物资准备工作主要是根据施工合同要求组织人员、设备以及材料进场等方面的工作。

一、承包人的施工技术措施

（一）施工组织设计

1.施工组织设计编制依据

（1）有关法律、法规、规章和技术标准。

（2）工程设计批复意见以及主管部门对工程建设的要求。

（3）工程所在地区的法规和条例，地方政府、项目法人对本工程的要求。

（4）国民经济有关部门对本工程建设期间的有关要求和协议。

（5）工程所在地区和河流的自然条件（地形、地质、水文、气象特征和当地建材情况等）、施工电源、水源及水质、交通、环保、防洪、灌溉、航运、过木、供水等现状和近期发展规划。

（6）当地城镇现有修配、加工能力，生活、生产物资和劳动力供应条件，居民生活、卫生习惯等。

（7）勘察设计各专业有关成果和技术要求。

（8）施工导流及通航等水工模型试验、各种原材料试验、混凝土配合比试验、重要结构模型试验、岩土物理力学试验等结果。

（9）工程有关工艺试验或生产性试验成果。

（10）施工合同中与施工组织设计编制的有关条款。

（11）承包人施工装备、管理水平和技术特点。

　2．承包人编制施工组织设计的主要内容

（1）工程任务情况及施工条件分析。

（2）施工总方案、主要施工方法、工程施工进度计划、主要单位工程综合进度计划和施工力量、机具及部署。

（3）施工组织技术措施，包括工程质量、施工进度、安全防护、文明施工以及环境污染防治等各项措施。

（4）施工总平面布置图。

（5）总包和分包的分工范围及交叉施工部署等。

　3．施工组织设计编制程序

（1）分析原始资料（拟建工程地区的地形、地质、水文、气象、当地材料、交通运输等）及工地临时给水、动力供应等施工条件。

（2）确定施工场地和道路、堆场、附属设施、仓库以及其他临时建筑物可能的布置情况。

（3）考虑自然条件对施工可能生产的影响和必须采取的技术措施。

（4）确定各工种每月可以施工的有效工作日和冬、夏季及雨季施工技术措施的参数。

（5）确定各种主要材料的供应方式和运输方式，可供应的施工机具设备数量与性能，临时给水和动力供应设施的条件等。

（6）根据工程规模和等级，以及对工程所在地区地形、地质、水文等条件的分析研究，拟定施工导流方案。

（7）研究主体工程施工方案，确定施工顺序，编制整个工程的进度计划。

（8）当大致确定了工程总的进度计划以后，即可对主要工程的施工方案做出详细的规划计算，进行施工方案的优化，最后确定选用的施工方案及有关的技术经济指标，并用平衡调整修订进度计划。

（9）根据修订后的进度计划，即可确定各种材料、物件、劳动力及机具的需要量，以此来编制技术与生活供应计划，确定仓库和附属企业的数量、规模及工地临时房屋需要量，确定工地临时供水、供电、供风设施的规模与布置。

（10）确定施工现场的总平面布置，并绘制施工总平面布置图。

（二）施工临时设施的设计

1. 施工交通运输设计

（1）对外交通运输设计的主要内容：

——预估总运量，计算年运输量及日运输量。

——选择对外交通运输方式。

——配合施工总平面布置进行场内交通运输设计。

——研究运输组织，提出交通运输工具种类、规格、数量、劳动定员。

——安排交通运输施工计划。

（2）选择运输方案应遵守的原则：

——线路运输能力满足工程施工期间大宗物资、材料和设备的需求，满足超重、超限件运输的要求。

——运输物资的中转环节少，运费省，及时、安全、可靠。

——结合当地运输发展规划，充分利用已有国家、地方交通道路和其他工矿企业专用线。

（3）选择超限件运输应考虑的因素：

——确定超限件名称、型号、数量，解体后单件重量，运输外形尺寸、承重面积及相应的图纸资料。

——设备安装进度。

——装卸、运输方式和条件。

——减少超限件转运次数。

（4）场内交通运输设计的主要内容：

——场内主要交通干线的运输量和运输强度。

——场内交通主要线路的规划、布置和标准。

——场内交通运输线路、工程设施和工程量。

2. 施工工厂设施设计

（1）施工工厂设施的任务：

——制备施工所需的建筑材料。

——供应水、电和压缩空气。

——建立工地内外通信联系。

——维修和保养施工设备。

——加工制作少量的非标准件和金属结构。

（2）主要施工工厂设施。

1）混凝土生产系统。混凝土生产系统的规模应满足质量、品种、出机口温度和浇筑强度的要求，单位小时生产能力可按月高峰强度计算，月有效生产时间可按 500h 计，不均匀系数 Kn 按 1.3~1.5 考虑，并按充分发挥浇筑设备的能力核验。

2）混凝土制冷／热系统。混凝土制冷系统：混凝土的出机口温度较高，不能满足温度控制要求时，拌和料应进行预冷。选择混凝土预冷材料时，主要考虑用冷水拌和、加冰搅拌、预冷骨料等，一般不把胶凝材料（水泥、粉煤灰等）选作预冷材料。

混凝土制热系统：低温季节混凝土施工时，提高混凝土拌和料温度宜用热水拌和及进行骨料预热，水泥不应直接加热。低温季节混凝土施工气温标准为，当日平均气温连续 5 天稳定在 5℃以下或最低气温连续 5 天稳定在 -3℃以下时，应按低温季节进行混凝土施工。

3）砂石料加工系统。砂石加工厂通常由破碎、筛分、制砂等车间和堆场共同组成，同时设有供配电、给排水、除尘、降低噪声和污水处理等辅助设施。

4）机械修配及综合加工系统。综合加工厂是由混凝土预制构件厂、钢筋加工厂和木材加工厂组成。

机械修配厂的厂址应靠近施工现场，便于施工机械和原材料运输，附近有足够场地存放设备、材料并靠近汽车修配厂。

5）风、水、电、通信及照明。压缩空气系统：主要是供石方开挖、混凝土施工、水泥输送、灌浆、机电及金属结构安装所需要的压缩空气。压气站位置宜靠近用气负荷中心、接近供电和供水点，处于空气洁净、通风良好、交通方便、安静和防震的场所。

供水系统：主要供应工地施工用水、生活用水和消防用水。施工供水量应满足不同时期日高峰生产和生活用水需要，并按消防用水量进行校核。

施工供电系统：主要包括施工用电负荷及用电量计算、施工电源方式选择、施工变电所主接线的选择、施工照明负荷计算及照明方式、改善功率因数措施等。

施工通信系统：遵循迅速、准确、安全、方便的原则。

二、施工现场规划与总平面布置

（一）施工总布置及其施工分区规划

1.施工总布置应遵循的原则

（1）贯彻执行合理利用土地的方针。

（2）因地制宜、因时制宜、有利于生产、方便生活、易于管理、安全可靠、经济合理。

（3）注重环境保护、减少水土流失。

（4）充分体现人与自然的和谐相处。

2.施工总布置着重研究的内容

（1）施工临时设施项目的组成、规模和布置。

（2）对外交通衔接方式、站场位置、主要交通干线及跨河设施的布置情况。

（3）可利用场地的相对位置、高程和面积。

（4）可供生产、生活设施布置的场地。

（5）临时建筑工程和永久设施的结合。

（6）应做好土石方挖填平衡，统筹规划堆渣、弃渣场地；弃渣处理符合环境保护及水土保持要求。

3.施工总布置分区

（1）主体工程施工区。

（2）施工工厂设施区。

（3）当地建材开采加工区。

（4）仓库、站、场、厂、码头等储运系统。

（5）机电、金属结构和大型施工机械设备安装场地。

（6）工程存、弃料堆放区。

（7）施工管理及生活营区。

4.施工分区规划布置应遵守的基本原则

（1）以混凝土建筑物为主的枢纽工程，施工区布置宜以砂石料的开采、加工和混凝土拌和、浇筑系统为主；以当地材料坝为主的枢纽，施工区布置宜以土石料开采和加工、堆料场和上坝运输线路为主。

（2）金属结构、机电设备安装场地应靠近主要安装地点。

（3）施工管理及生活营区的布置考虑风向、日照、噪声、绿化、水源水质等因素，与生产设施应有明显界限。

（4）主要物资仓库、站场等储运系统宜布置在场内外交通衔接处。

（5）施工分区规划布置应考虑施工活动对周围环境的影响，避免噪声、粉尘等污染对敏感区的危害。

（二）施工总平面图

1.施工总平面图的主要内容

（1）施工用地范围。

（2）一切地上和地下的已有和拟建的建筑物、构筑物及其他设施的平面位置与尺寸。

（3）永久性和半永久性坐标位置。

（4）场内取土和弃土的区域位置。

（5）为工程服务的各种临时设施位置。包括：施工导流建筑物，交通运输系统，料场及其加工系统，各种仓库、料堆、弃料场等，混凝土制备及浇筑系统，机械修配系统，金属结构、机电设备和施工设备安装基地，风、水、电供应系统，其他施工工厂，办公及生活用房，安全防火设施及其他。

2. 施工总平面的布设要求

（1）在保证施工顺利进行的情况下，尽量少占耕地。在进行大规模水利水电工程施工时，要根据各阶段施工平面图的不同要求，分期分批地征用土地，以便做到少占土地或缩短占用土地时间。

（2）临时设施最好不占用拟建永久性建筑物和设施的位置，以避免因拆迁这些设施所引起的损失和浪费。

（3）满足施工要求的前提下，最大程度地降低工地运输费。为降低运输费用，必须合理地布置各种仓库、起重设备、加工厂及其他工厂设施，正确选择运输方式和铺设工地运输道路。

（4）在满足施工需要的前提下，临时工程的费用应尽量减少。

（5）工地上各项设施，应明确是为工人服务，使工人在工地上因往返而损失的时间最少。

（6）遵循劳动保护和安全生产等要求。施工临时房屋之间必须保持一定的距离，储存燃料及易燃物品（如汽油、柴油等）的仓库，距拟建工程及其他临时性建筑物不得小于 50m。在道路交叉处应设立明显的标志。工地内应设立消防站、消防栓、警卫室等。

三、施工进度计划的编制与进度保证措施

（一）水利水电工程施工组织设计的编制

1. 施工进度计划的表达方法

施工进度计划有以下几种表达方法：

（1）横道图。

（2）工程进度曲线。

（3）施工进度管理控制曲线。

（4）形象进度图。

（5）网络进度计划。

2. 横道图

用横道图表示的施工进度计划，一般包括两个基本部分，即左侧的工作名称及工作的持续时间等基本数据部分和右侧的横道线部分。施工进度计划明确表示出各项工作的划分、工作的开始时间和完成时间、工作的持续时间、工作之间的相互搭接关系，以及整个工程项目的开工时间和完工时间等。

横道图计划的优点是形象、直观，且易于编制和理解，因而长期以来被广泛应用于建设工程进度控制中，但利用横道图表示工程进度计划存在以下几方面缺点：

（1）不能清晰反映出各项工作之间错综复杂的相互关系，因而在计划执行的过程中，当某些工作的进度由于某种原因提前或拖延时，不便于分析其对其他工作及总工期的影响程度，不利于建设工程进度的动态控制。

（2）不能清晰地反映出影响工期的关键工作和关键线路，也就无法反映出整个工程项目的关键所在，不便于进度控制人员抓住主要矛盾。

（3）不能反映工作所具有的机动时间，看不到计划的潜力所在，无法进行最合理的组织和指挥。

（4）不能反映工程费用与工期之间的关系。

3. 工程进度曲线

该方法是以时间为横轴，以完成累计工程量（该工程量表示内容可以是实物量的大小、工时消耗或费用支出额，也可以用相应的百分比来表示）为纵轴，按计划时间累计完成任务量的曲线作为预定的进度计划。

（二）水利工程施工进度计划的保证措施

1. 组织措施

（1）建立进度控制目标体系，明确现场管理组织机构中进度控制人员及其职责分工。

（2）建立进度计划实施过程中的检查分析制度。

（3）建立进度协调会议制度，包括协调会议举行的时间、地点、协调会议的参加人员等。

（4）编制年度进度计划、季度进度计划和月（旬）作业计划，将施工进度计划逐层细化，形成一个旬保月、月保季、季保年的计划体系。

2. 技术措施

（1）抓好施工现场的平面管理，合理布置施工现场的拌和系统、钢筋加工、模板、材料堆场，确保水、电、动力得到良好的供应，确保道路畅通，场地平整。创造高效有序的施工条件。

（2）抓住关键部位、按时完成控制进度的里程碑节点。抓住关键部位和进度计划上关键工序的按时完成，总工期才能有保障。由于水利工程是野外作业，受自然因素影响比较大，若延误了有利时机，就会对工期造成严重影响。

（3）采用网络计划技术及其他科学适用的计划方法，对建设工程进度实施动态控制。

（4）优化施工方法与方案，利用价值工程理论，确定主体工程各分部的施工方法。组织技术人员研讨施工方案，优选施工机械设备，适时投入施工。

（5）抓好现场管理和文明施工，为工程施工创造良好的环境。

3. 经济措施

抓好资金管理，确保项目资金专款专用，没有充足的资金保证，需要的材料、设备就没有办法投入，工期就无法得到保障。

4. 合同措施

（1）抓好原材料质量控制和及时供应，确保材料供应及时和质量合格。

（2）抓好班组的承包兑现，提高广大职工的积极性。

（3）履行自我的合同责任，服务好有关协作单位，创造良好的协作氛围。

（4）服务建设单位的协调管理，接受监理单位的监督与指导。

（5）加大奖励力度，保证节假日及赶工期间现场施工人员的稳定。

（6）加强合同管理，协调合同工期与进度计划之间的关系，保证合同中进度目标的实现。

（7）加强风险管理，在合同中应充分考虑风险因素及其对进度的影响，以及相应的处理方法。

四、施工前的人员、物资准备工作

承包人接到监理单位发出的开工通知后，应立即组织人员和施工设备进入施工现场进行施工前的准备工作。

（一）组织施工人员和设备进场

（1）按照投标文件的承诺组建施工现场项目部，项目部主要管理人员必须按照投标文件的要求及时进场开展工作。主要管理人员包括：项目经理、技术负责人、质量管理人员、安全管理人员、档案资料管理人员、后勤保障管理人员等。

（2）制定管理制度。施工现场的管理制度是工程有序施工的重要保障，承包人进场后，应根据工程特点制定相应的管理制度，并公布于墙上，同时管理制度必须与具体人员相对应。

（3）按照施工组织设计布置工程施工现场，进行临时设施的建设。

（4）组织和调运施工设备。按照批准的施工组织设计和工程进度计划，组织相应的施工设备进场。调运的设备一定要与工程进度相适应，应尽量避免施工设备闲置，提高施工设备的有效利用率；同时在保证工程进度的情况下，适当留有余地。

（二）工程材料管理

工程材料（包括原材料、半成品、成品、构配件）是构成工程实体的物质基础，也是有效保证工程建设质量的基础，承包人应严格根据设计标准和招标文件的要求做好工程材料采购、保管工作。对于施工材料的来源一般有两种形式：一是由建设单位提供；二是由承包人自行采购。本部分主要讨论对于承包人自行采购材料的管理问题。

1. 材料的采购

承包人在材料采购订货之前，应广泛收集市场信息，并进行分析研究后，向监理单位申报并提出采购计划，其中包括所拟采购材料的规格、品种、型号、数量、单价，同时提供材料生产厂家的基本情况（厂家的生产规模、产品的品种、质量保证措施、生产业绩和厂家的信誉等）和样品供监理工程师审查。经监理工程师审查确认后，承包人才能正式进行材料的采购订货。

2. 材料进场后的管理

材料进场后，承包人应填写材料报验申请表，并附上有关证明文件报送监理单位审查，同时承包人还应按规定对进场材料进行自检和复检，自检和复检的结果应报监理单位检查确认。对于监理检查不合格的材料，监理应签发《监理工程师通知单》，通知承包人将不合格材料及时撤离施工现场。

经监理工程师检查确认合格的材料，承包人应分类妥善保管，加快材料周转，减少材料的积压，做到既能保质、保量、按期供应施工所需，又能降低费用，提高效益。

第二节 施工成本管理

施工成本管理是承包人项目管理的一个关键任务，从工程投标报价开始直至项目竣工结算完成为止，贯穿项目实施的全过程。包括施工成本计划、施工成本控制、成本分析、成本考核等。

一、施工成本计划

施工成本计划是以货币的形式编制施工项目在计划期内的生产费用、成本水平、成本降低率以及为降低成本所采取的主要措施和规划的书面方案，它是建立在施工项目成本管理责任制、开展成本控制和核算的基础，是项目成本降低的指导文件。

（一）施工成本计划编制的依据

编制施工成本计划，需要广泛收集相关资料并进行整理，以作为施工成本计划编制的依据。在此基础上，根据有关设计文件、工程承包合同、施工组织设计、施工成本预测资料等，按照施工项目应投入生产要素的变化和拟采取的各种措施，估算施工项目生产费用支出的总体水平，进而提出施工项目的成本控制指标，确定目标成本。将目标成本分解落实到各个机构、班组，便于进行控制子项目或工序。

施工成本编制的主要依据：

（1）投标报价文件。

（2）企业定额、施工预算。

（3）施工组织设计或施工方案。

（4）人工、材料、机械台班的市场价格。

（5）企业颁布的材料指导价格、企业内部机械台班价格、劳动力内部价格。

（6）周转设备内部租赁价格、摊销损耗标准。

（7）已签订的工程合同、分包合同。

（8）结构件外加工计划和合同。

（9）有关财务成本核算制度和财务历史资料。

（10）施工成本预测资料。

（11）拟采取降低施工成本的措施。

（二）施工成本组成

施工成本计划的编制以成本预测为基础，关键是确定目标成本。了解施工成本的构成是制定施工成本计划的基本内容，目前我国建筑安装工程费由直接费、间接费、利润和税金组成。

（三）施工成本计划的编制方法

1. 按照项目组成编制成本计划的方法

大中型水利工程项目一般由若干个单位工程组成，而每个单位工程又包括多个分部工程。同时在工程施工中，将一个工程项目划分为不同的合同包，承包给不同的承包人。因此承包人会将自己所承包的项目总施工成本分解到每个单位工程，再进一步细分到分部工程和分项工程中。

在编制成本计划时，要在总体施工项目方面考虑预备费，也要在主要分项工程中安排适当的不可预备费，避免在具体编制成本计划时，由于主要项目工程量有较大出入，使原来成本预算失实。

2. 按照工程进度编制施工成本计划的方法

按照工程施工进度编制施工成本计划，通常可以利用控制项目进度的网络图进一步扩充而得，即在建立网络图时，一方面确定完成各项工作所需花费的时间；另一方面将各项目的费用按照施工进度进行分配，做出施工进度成本计划。一般用时间—成本累积曲线表示。时间—成本累积曲线绘制步骤如下：

（1）确定工程项目进度计划，编制进度计划的横道图。

（2）根据单位时间内完成的实物工程量或投入的人力、物力和财力，计算单位时间（月或旬）的成本，在时标网络图上按时间编制成本支出计划。

二、施工成本控制

（一）成本控制的依据

1. 工程承包合同

施工成本控制要以工程承包合同为基础，围绕降低工程成本这个目标，从预算收入和实际成本两方面，努力挖掘增收节支潜力，以求获得最大的经济效益。

2. 施工成本计划

施工成本计划是根据施工项目的具体情况制定的施工成本控制方案，既包括预定的具体成本控制目标，又包括实现控制目标的措施和规划，是施工成本控制的指导性文件。

3. 进度报告

进度报告提供了当前工程实际完成量，工程施工成本实际支付情况等重要信息。施工成本控制工作正是通过实际情况与施工成本计划相比较，找出二者之间的差异，分析偏差产生的原因，从而采取措施改进以后的工作。此外，进度报告还有助于管理者及时发现工程实施过程中影响工程进度的隐患，并在事态还未造成重大损失前采取有效措施，尽量避免损失。

4. 工程变更

在项目实施过程中，由于各方面的原因，工程变更是很难避免的。工程变更一般包括设计变更、进度计划的变更、施工条件变更、施工次序变更、工程数量变更等。一旦出现变更，工程量、工期、成本都必将发生变化，从而使得施工成本控制工作变得更加复杂和困难。因此，施工成本控制管理人员就应当通过变更要求当中各类数据的计算、分析，随时掌握变更情况，包括已发生工程量、将要发生工程量、工期是否拖延、支付情况等重要信息，判断变更以及变更可能带来的索赔额度等。

除了以上几种施工成本控制工作的主要依据外，还有施工组织设计、分包合同等。

（二）施工成本控制的步骤

施工成本计划确定后，定期进行施工成本计划值与实际值比较，当实际值偏离计划值时，分析产生偏差的原因，采取适当纠偏措施，以确保施工成本控制目标的实现。步骤如下。

1. 比较

按照某种确定方式将施工成本计划值与实际值逐项进行比较，以检查施工成本是否已超支。

2. 分析

在比较的基础上，对比较的结果进行分析，以确定偏差的严重性及偏差产生的原因。这一步是施工成本控制工作的核心，其主要目的是找出偏差产生的原因，从而采取有针对性的措施，减少或避免由于同问题的再次发生由此造成的损失。

3. 预测

按照完成情况，估计完成项目所需的分项费用及其总费用。

4. 纠偏

当工程项目的实际施工成本出现了偏差，应当根据工程的具体情况、偏差分析和预测的结果，采取适当的措施，以期达到使施工成本偏差尽可能小的目的。纠偏是施工成本控制中最具实质性的一步。只有通过有针对性的纠偏，才能实现成本的动态控制和主动控制，最终实现有效控制施工成本的目的。

纠偏首先要确定纠偏的主要对象，在确定了纠偏的主要对象之后，就需要采取有针对性的纠偏措施。纠偏措施可采用组织措施、经济措施、技术措施和合同措施等。

5. 检查

检查是指对工程的进展进行跟踪和检查，及时了解工程进展状况以及纠偏措施的执行情况和效果，为下一步工作积累经验。

（三）施工成本控制的方法

1. 施工成本的控制方法

（1）人工费的控制。人工费控制运用"量价分离"的方法，将作业用工及零星用工按定额工作日的一定比例综合确定用工数量和单价，通过劳务合同进行控制。

（2）材料费的控制。

1）材料用量控制。在保证符合设计要求和质量标准的前提下，合理使用材料，通过定额管理、计量管理等手段有效控制材料物资的消耗。

定额控制：对于有消耗定额的材料，以消耗定额为依据，实行限额发料制度。在规定限额内分期分批领用，超过限额领用的材料，必须先查明原因，经过一定审批手续方可领料。

指标控制：对于没有消耗定额的材料，实行计划管理和按指标控制的办法。根据以往项目的实际耗用情况，结合具体施工项目的内容和要求，制定领用材料指标，以此控制发料。超过指标的材料，必须经过一定的审批手续方可领用。

计量控制：准确做好材料物资的收发计量检查和投料计量检查。

包干控制：在材料使用过程中，对部分小型及零星材料，根据工程量计算出所需材料量，将其折算成费用，由作业者包干控制。

2）材料价格的控制。控制材料价格主要是通过掌握市场信息，应用招标和询价等方式控制材料、设备的采购价格。

（3）施工机械使用费的控制。施工机械使用费主要由台班数量和台班单价两方面决定，为有效控制施工机械使用费支出，主要从以下几方面进行控制：

1）合理安排施工生产，加强设备租赁计划管理，减少因安排不当引起的设备闲置。

2）加强机械设备的调度工作，尽量避免窝工，提高现场设备利用率。

3）加强现场设备的维修保养，避免因不正确使用导致机械设备的故障停置。

4）做好机械设备人员与辅助生产人员的协调与配合，提高施工机械台班产量。

（4）施工分包费用的控制。分包工程价格的高低，必然对项目经理部的施工项目成本产生一定的影响。因此，施工项目成本控制的重要工作之一是对分包费用的控制。对分包费用的控制，主要是要做好分包工程的询价、订立平等互利的分包合同、建立稳定的分包关系网络、强化施工验收和分包结算等工作。

2. 挣得值（也称赢得值）法

挣得值法（Earned Value Management，EVM）作为一项先进的项目管理技术，最初由美国国防部于1967年首次确立。到目前，国际上先进的工程公司已普遍采用挣得值法进行工程项目的费用、进度综合分析控制。用此法进行费用、进度综合分析控制，基本参数有三项，即已完工作预算费用、计划工作预算费用和已完工作实际费用。

（1）三个基本参数。

1）已完工作预算费用：简称BCWP（Budgeted Cost for Work Performed），是指在某一时间已经完成的工作（或部分工作），以批准认可的预算（已完成工作的投标报价费用）为标准所需的资金总额，由于业主是根据这个值为承包人完成的工作量支付相应的费用，也就是承包人获得（挣得）的金额，故称为挣值（赢值）。

已完工作预算费用（BCWP）=已完成工作量 × 预算（计划）单价

2）计划工作预算费用：简称BCWS（Budgeted Cost for Work Scheduled），是指根据进度计划，在某一时间应当完成的工作（或部分工作），以预算为标准所需的资金总额，一般来说，除非合同有变更，BCWS在工程实施过程中应保持不变。

计划工作预算费用（BCWS）=计划工作量 × 预算（计划）单价

3）已完工作实际费用：简称ACWP（Actual Cost for Work Performed），是指到某一时刻为止，已完成的工作（或部分工作）所实际花费的总金额。

已完工作实际费用（ACWP）=已完成工程量 × 实际单价

（2）挣得值的四个评价指标。在三个基本参数的基础上，可以确定挣得值法的四个评价指标，它们都是时间的参数。

1）费用偏差（CV）：

费用偏差（CV）=已完工作预算费用（BCWP）-已完工作实际费用（ACWP）当费用偏差（CV）为负值时，表示项目运行超出预算费用；当费用偏差（CV）为正值时，表示项目运行节支，实际费用低于预算费用。

2）进度偏差（SV）：

进度偏差（SV）=已完工作预算费用（BCWP）-计划工作预算费用（BCWS）当

进度偏差（SV）为负值时，表示进度延误，即实际进度落后于计划进度；当进度偏差（SV）为正值时，表示进度提前，即实际进度快于计划进度。

3）费用绩效指数（CPI）：

费用绩效指数（CPI）= 已完工作预算费用（BCWP）/已完工作实际费用（ACWP）

当费用绩效指数 CPI<1 时，表示超支，即实际费用高于预算费用；

当费用绩效指数 CPI>1 时，表示节支，即实际费用低于预算费用。

4）进度绩效指数（SPI）：

进度绩效指数（SPI）= 已完工作预算费用（BCWP）/计划工作预算费用（BCWS）

当进度绩效指数 SPI<1 时，表示进度延误，即实际进度比计划进度落后；

当进度绩效指数 SPI>1 时，表示进度提前，即实际进度比计划进度快。

三、成本考核

施工成本考核的主要目的，在于贯彻落实责任权利相结合的原则，促进成本管理工作的健康发展，更好地完成施工项目的成本目标。在施工项目的成本管理中，项目经理和所属部门、施工队以及生产班组，都有明确的成本管理责任，而且有定量的责任成本目标。通过定期和不定期的成本考核，既可对他们加强督促，又可调动他们对成本管理的积极性。施工项目的成本考核一般可以分为两个层次：一是企业对项目经理的考核；二是项目经理对所属部门、施工队和班组的考核。通过层层考核，督促项目经理、责任部门和责任者更好地完成自己的责任成本，从而实现项目成本目标的层层保证体系。

（一）施工项目成本考核的内容

施工项目成本考核的内容，应包括责任成本完成情况的考核和成本管理工作业绩的考核。

1.企业对项目经理考核的内容

（1）项目成本目标和阶段成本目标的完成情况。

（2）建立以项目经理为核心的成本管理责任制的落实情况。

（3）成本计划的编制和落实情况。

（4）对各部门、各施工队和班组责任成本的检查和考核情况。

（5）在成本管理中贯彻责权利相结合原则的执行情况。

2.项目经理对所属各部门、各施工队和班组考核的内容

（1）对各部门的考核内容：

1）各部门、各岗位责任成本的完成情况。

2）各部门、各岗位成本管理责任的执行情况。

（2）对各施工队的考核内容：

1）对劳务合同规定的承包范围和承包内容的执行情况。

2）劳务合同以外的额外支出情况。

3）对班组施工任务单的管理情况，以及班组完成施工任务后的考核情况。

（3）对生产班组的考核内容：以分部分项工程成本作为班组的责任成本，以施工任务单和限额领料单的结算资料为主要依据，与施工预算进行对比，考核班组责任成本的完成情况。

（二）施工项目成本考核的实施

1.采取评分制

施工项目的成本考核采取评分制，具体方法为：先按考核内容评分，然后根据 7：3 的比例加权平均，即责任成本完成情况的评分为 7，成本管理工作业绩的评分为 3。这是一个人为设定的比例，施工项目可以根据实际情况进行调整。

2.与相关指标的完成情况相结合

施工项目的成本考核要与相关指标的完成情况相结合，具体方法为：成本考核的评分是奖罚的依据，相关指标的完成情况为奖罚的条件。也就是在根据评分计奖的同时，还要参考相关的完成情况进行嘉奖或扣罚。

与成本考核相结合的相关指标，一般有进度、质量、安全和现场标准化管理。下面以质量指标的完成情况为例说明如下：

（1）质量达到优良，按应得奖金加奖 20%。

（2）质量合格，奖金不加不扣。

（3）质量不合格，扣除应得奖金的 50%。

3.强调项目成本的中间考核

项目成本中间考核，可以从以下两方面考虑：

（1）月成本考核。一般是在月成本报表编制以后，根据月成本报表的内容进行考核。在进行月成本考核时，不能单凭报表数据，还要结合成本分析资料和施工生产、成本管理的实际情况，然后才能做出正确的评价，才能推动今后的成本管理工作，保证项目成本的实现。

（2）阶段成本考核。项目的施工阶段，一般可分为分部分项工程、单位工程、单项工程等阶段。阶段成本考核的优点，在于能对施工某一阶段结束后的成本进行考核，可与施工阶段其他指标（如进度、质量等）的考核结合得更好，也更能反映出施工项目的管理水平。

4.准确考核施工项目的竣工成本

施工项目的竣工成本，是在工程竣工和工程款结算的基础上编制的，它是竣工成本考核的依据。

工程竣工，表示项目建设已经全部完成，并已具备交付使用的条件。而月度完成的分部分项工程，不具备使用条件，只能作为分期结算工程进度款的依据。因此，真正能够反映全貌而又正确的项目成本，是在工程竣工和工程款结算的基础上编制的。施工项目的竣工成本是项目经济效益的最终反映，它既是上缴利税的依据，又是进行职工分配的依据。由于施工项目的竣工成本关系到国家、企业、职工的利益，必须做到核算准确，考核准确。

5.施工项目成本完成情况的奖罚

施工项目的经济奖罚，在月考核、阶段考核和竣工考核三种考核的基础上尽快兑现，不能只考核不奖罚，或者考核后拖了很久才奖罚。因为职工担心的就是领导对贯彻责、权、利相结合的原则执行不力，导致忽视职工利益。

由于月成本和阶段成本都是假设性的，准确程度有限。因此，在进行月成本和阶段成本奖罚的时候留有余地，然后再按照竣工成本结算的奖金总额进行调整。

施工项目成本奖罚的标准：一方面，应通过经济合同的形式明确规定，经济合同规定的奖罚标准具有法律效力，任何人都不应中途变更或拒不执行。另一方面，通过经济合同明确奖罚标准以后，职工群众有了努力的目标，也会在实现项目成本目标中发挥更积极的作用。

确定施工项目成本奖罚标准的时候，必须从本项目的客观情况出发，既要考虑职工的利益，又要考虑项目成本的承受能力。在一般情况下，造价低的项目，奖金水平要定得低一些，造价高的项目，奖金水平可以适当提高。具体奖罚标准，应该经过认真测算再行确定。

第三节　施工质量管理

工程项目的施工阶段是工程实体逐步形成的过程，也是工程项目质量和工程使用价值最终形成和实现的阶段，因此也是工程项目质量管理的重要阶段。

一、影响工程施工质量的因素

影响工程施工质量的因素总结起来有 5 个方面，即人的因素、材料因素、机械因素、方法因素和环境因素。其中人的因素是操作人员的质量意识、技术能力和工艺水平，施工管理人员的经验和管理能力；材料因素包括原材料、半成品和构配件的品质和质量，工程设备的性能和效率；方法因素包括施工方案、施工工艺技术和施工组织设计的合理性、可行性和先进性；环境因素主要指工程所在地的社会环境（如政治、法律制度、当地人的生活习惯、民族风俗、社会治安等）、工程技术环境（工程地质、地形地貌、水文地质、工程水文、气象等）、工程管理环境（如管理制度的健全与否、质量管理体系的完善与否、质量保证活动开展的情况等）和劳动环境。上述 5 方面因素都在不同程度上影响到工程的质量，所以施工阶段的质量管理，实际上就是对这 5 方面因素实施监督和控制的过程。

（一）人的因素的控制

"人"主要是指直接参与工程项目的决策者、组织者、管理者和操作者，人是工程项目建设的实施者，人的素质，即人的思想意识、文化素质、技术水平、管理能力、工作经历和身体条件等，都直接和间接地影响到工程项目的质量。所以，为了保证工程项目的质量，必须对人的因素进行控制，既要充分发挥人的主观能动性，又要避免人的失误。要加强思想意识和劳动纪律的教育，专业技能和科学技术知识的培训，提高人的素质。对人的因素的控制，主要侧重于人的资质、人的生理缺陷、人的心理缺陷、人的错误行为等几个方面。

1. 人的资质

（1）领导者。领导者主要包括经理、总工程师、总经济师、总会计师和各部门的负责人，他们是工程项目的决策者、组织者、指挥者、管理者和经营者，领导者的素质对保证工程项目的质量起着重要的影响作用。

领导者作为工程项目的指挥者和组织者，必须具有较高的思想水平、一定的文化素质、丰富的实践经验、较强的组织管理能力，善于协作配合，能够果断、正确地做出决策并采取有效的技术措施，领导职工完成各项任务。

（2）主要技术人员。主要技术人员应具有一定的文化素质，相应的专业资质和技术水平，丰富的实践经验和较强的组织管理水平。

（3）技术工人。技术工人应具有本专业的资质证书，有较丰富的专业知识和熟练的操作技能，熟悉操作规程和质量标准。

2. 人的生理缺陷

人的生理缺陷主要是指具有疾病，精神失常，智商过低（呆滞、接受能力差、判断能力差等），易紧张、冲动和兴奋，疲劳，对自然条件和环境不适应，应变能力差等。在工程施工过程中，承包人根据施工特点严格控制人的生理缺陷，如患有高血压、心脏病和恐高症的人，不应从事高空作业和水下作业；视力、听力较差的人，不应从事测量工作和以音响、灯光、旗语进行指挥的作业；反应迟钝、应变能力差的人，不应操作快速运转的机械等。

3. 人的心理缺陷

人的心理缺陷主要表现为心情不安，身心不足，注意力不集中等。人的心理缺陷常常会导致工作能力波动，产生厌倦和操作失误。所以在人的因素的控制中要分析人的心理变化，稳定人的思想情绪，防止出现工作失误。

4. 人的错误行为

人的错误行为表现为工作时打闹、玩耍、嬉笑、错听、错视、误动、误判、违章违纪、粗心大意、漫不经心、玩忽职守等。人的错误行为，都会引起质量问题或质量事故，必须及时制止。

（二）材料因素的控制

材料包括原材料、成品、半成品、构配件、仪器仪表、生产设备等，是工程项目的物质基础，也是工程实体的组成部分。

材料因素重点控制以下几个方面：

（1）收集和掌握材料的信息，通过分析论证优选供货厂家，以保证购买优质、价廉、能如期供货的材料，经监理工程师签字确认后，承包人进行采购订货。

（2）合理组织材料的供应，确保工程的正常施工。

（3）对材料进行严格的检查验收，确保材料的质量。

（4）实行材料的使用认证，严防材料的错误使用。

（5）严格按规范、标准的要求组织材料的检验，材料的取样、试验操作均应符合规范要求。

（6）对于工程中所用的主要设备，承包人应严格按照设计文件或标书中所规定的规格、品种、型号和技术性能进行采购，并经监理工程师检查确认后方可安装、施工。

（三）机械因素的控制

施工机械是工程项目施工的物质基础，是现代化施工必不可少的方式。施工设备的选择是否适用、先进和合理，将直接影响工程项目的施工质量和进度。承包人应按照工程项目的布置、结构、施工现场条件、施工程序、施工方法和施工工艺，进行施工机械形式和主要性能参数的选择。并制定相应的使用操作制度，严格执行。

（四）方法因素的控制

所谓方法，主要是指工程项目的施工组织设计、施工方案、施工技术措施、施工工艺、检测方法和措施等。

采取的"方法"是否得当，直接影响到工程项目的质量形成，特别是施工方案是否合理和正确，不仅影响到施工质量，而且还对施工的进度和费用产生重要影响。因此承包人要结合工程实际情况，从技术、组织、管理、经济等方面进行全面分析和论证，确保施工方案在技术上可行、经济上合理、方法先进、操作简便，既能保证工程项目质量，又能加快施工进度，降低成本。

（五）环境因素的控制

影响工程项目的环境因素很多，归纳起来主要有4个方面，即社会环境、工程技术环境、工程管理环境和劳动环境。

（1）社会环境。主要包括政治、法律制度、当地人的生活习惯、民族风俗、社会治安等环境。

（2）工程技术环境。主要包括工程地质、地形地貌、水文地质、工程水文、气象等因素。

（3）工程管理环境。主要包括质量管理体系、质量管理制度、质量保证活动等。

（4）劳动环境。主要包括劳动组合、劳动工具、施工工作面等。

在工程项目施工中，环境因素是不断变化的，如施工过程中气温、湿度、降水、风力等。前一道工序为后一道工序提供了施工环境，施工现场的环境也是变化的。不断变化的环境对工程项目的质量产生不同程度的影响。为保证工程项目施工正常、有序地进行，以及工程项目质量的稳定，承包人根据工程项目特点和施工具体条件，采取相应的有效措施，对影响质量的环境因素进行严格的控制。

二、施工阶段的质量控制

施工阶段的质量控制主要从两个方面进行：一是内控，即承包人自我的质量控制；二是外控，即监理工程师通过对工程项目的施工质量，进行检查、抽检、签证等，使工程质量满足设计标准并符合规范要求。承包人进行施工阶段质量的管理是施工质量管理的关键。

（一）施工阶段质量控制的主要内容

（1）承包人要建立和完善质量保证体系，配备相应的质量管理和检测人员，明确各自的职责和权限、工作方法和工作程序；配备所需要的检测仪器和设备，以及有关的法规、标准和文件；做好质量内控的各项准备工作。

（2）承包人派驻现场的管理人员以及各种特殊岗位的人员必须符合施工合同和相应管理规程的要求。

（3）工程中所用的原材料、半成品、构配件、永久性设备和器材，必须符合设计要求和相应规程、规范的要求。在其进场后必须提供相应的合格证，并经监理工程师当场检查，合格后方可使用。

（4）承包人要按照施工组织设计和施工进度计划、施工方案和施工方法的要求，组织施工机械设备，设备的性能参数和数量必须满足工程施工需要。

（5）承包人在开工前要根据投标文件的技术条款，编制施工组织总体设计和单位工程施工组织设计方案。施工组织总体设计是在招标阶段承包人提交的施工组织的基础上，进一步详细和完善施工文件，该施工组织设计经监理工程师审查确认后，即作为施工承包合同文件的一部分，不得随意变动。在施工阶段，承包人在施工组织总体设计的基础上，根据工程的特点和施工现场的具体情况，编制详细的单位工程或重点工程的施工组织设计或施工计划和施工质量保证措施，并提交监理工程师审查，经审查批准后，承包人即应遵守该文件施工，不得随意改动。

编制施工组织总体设计时，应着重关注以下问题：

1）施工组织总体设计要符合国家的方针、政策、法律，要遵循"安全第一，保证质量"的原则。

2）施工组织总体设计的工期目标和质量目标要符合施工承包合同中的规定和要求。

3）施工组织总体设计中的施工布置和施工程序要符合工程特点、施工工艺和设计文件要求，施工总平面图的布置要与地形、地貌、建筑平面相协调。

4）施工组织总体设计所选用的施工技术要先进、可靠。

5）技术管理和质量保证措施要切实可行和有效。

6）所用的安全、卫生、消防、环保和文明施工措施要切实可行并符合有关规定的要求。

编制单位工程施工组织设计时，应着重注意以下问题：

1）施工质量管理体系要健全、有效。

2）施工总平面布置要合理，并有利于正常施工和保证施工质量。

3）要根据工程地质特点和场区环境状况，制定保证施工质量和安全的具体措施。

4）对于主要分部分项工程的施工和特殊条件下（如炎热、冬季、雨季等）的施工，制定有针对性的保证施工质量和安全的施工组织技术措施。

编制施工技术方案时，应着重注意以下问题：

1）施工程序要合理，要充分考虑和有效避免施工中的交叉作业所造成的相互干扰和对施工质量及施工安全的影响。

2）施工机械设备的类型、性能和数量要能满足施工的要求，要与所拟定的施工组织方式相适应，要能保证施工质量、施工效率和施工安全。

3）施工方法要合理可行，符合施工现场条件和环境，符合施工规范和标准的规定，满足工艺要求。

（6）施工总承包单位要严格挑选分包单位，并将拟选用的分包单位，报送监理工程师审查，监理工程师对分包单位的资质进行审查，并确认其施工队伍的技术资质、管理水平和质量保证能力符合要求后，才能签订分包合同。分包单位要根据合同约定对所分包的工程质量向总承包单位负责。

（7）交桩复测的质量管理。承包人应将设计单位移交的测量基准点、基准线和参考标高等测量控制点进行复测，建立施工现场的平面坐标控制网（或控制导线）及高程控制网，并将复测结果报监理工程师审批确认后，才可据此进行施工测量和放线。

（8）施工工序的质量管理。承包人要按水利工程施工质量规范要求，做好工序控制，严格执行"三检制"（自检、复检、终检）。

（二）施工过程（工序）的质量控制

工程项目的整个施工过程，就是完成一道又一道的工序，所以施工过程的质量控制主要就是工序的质量控制，而工序控制又表现为施工现场的质量控制，也是施工阶段质量控制的重点。

1. 工序控制的主要内容

（1）工序活动（作业）条件的控制。工序活动（作业）条件的控制，就是为工序的活动（作业）创造一个良好的环境，使工序能够正常进行，以确保工程的质量，所以工序活动（作业）条件的控制就是对工序准备的控制。

工序的质量受到人、材料、机械、方法、环境等因素综合作用的影响，所以工序的质量控制就是要利用各种手段对影响工序质量的人、材料、机械、方法、环境等因素加以控制。

1）人的因素。人的因素对工序的质量影响主要表现在操作人员质量意识差、粗心大意、不遵守操作规程、技术水平低、操作不熟悉等。因此对人的因素的控制措施是：检查操作人员和其他工作人员是否具备上岗条件，进行岗前考核，竞争上岗；对操作人员进行质量教育，增强质量意识和责任心；建立质量责任制，进行岗前培训等。

2）材料因素。材料因素对工序的质量影响主要表现在材料的质量特性指标是否符合设计和标准的要求，控制措施是加强使用前的检验和试验。重视材料的使用标识和材料的现场管理，防止错用和使用不合格材料；使用代用材料时必须通过计算和充分论证，并履行相关批准手续，方可使用。

3）机械因素。机械因素对工序质量影响主要表现在机械的性能和操作使用上，控制措施是根据工序的特性和要求，合理地选择施工机械设备的类型、数量和性能参数，同时应加强施工机械设备的使用管理，严格执行操作规程，遵守各种管理制度等。

4）方法因素。方法因素对工序质量的影响主要表现在工艺方法，即工艺流程、技术措施、工序间的衔接等。控制的措施是确定正确的工艺流程、施工工艺和操作规程，对工序质量进行质量预控，加强工序交接的检查验收等。

5）环境因素。环境对工序质量的影响主要表现在气象条件、管理环境和劳动环境等。控制的措施是预测气象条件的可能变化（如温度、大风、暴雨、酷暑、严寒等），应采取相应的预防措施，如防风、防雨、降温、保温措施等；制定相应的质量监控管理制度和管理程序；进行合理的劳动组合和现场管理，建立文明施工和文明生产的环境，保持材料堆放有序，道路畅通，施工程序井井有条等。

（2）工序活动（作业）的过程控制。工序活动是在预先（施工前）准备好的条件和环境下进行的，在工序活动过程中，影响质量的因素会发生变化。所以在工序活动过程中，施工管理人员应关注各种影响因素和条件变化，如发现不利于工序质量的因素和条件变化，要立即采取有效措施加以处理，使工序质量始终处于受控状态。为此，施工人员一定要按规定的操作规程和工艺标准进行施工；随时注意各种其他因素和条件的变化，如物料、人员、施工机械设备、气象条件和施工现场环境状况和条件的变化，应及时采取相应措施加以控制和纠正。

（3）工序活动（作业）效果的控制。工序活动（作业）效果的控制主要是对工序施工完成的工程产品质量、性能状况和性能指标的控制，通常是工序完成后，首先由承包人进行自检，自检合格后填写验收通知单，监理单位在接到验收通知单后，在规定的时间内对工序进行抽样，通过对样品检验的数据，进行统计分析，判断工序活动的效果（质量）是否正常和稳定，是否符合质量标准的要求。通常其程序如下：

1）抽样。对工序抽取规定数量的样品，或确定规定数量的检测点。

2）实测。采用必要的检测设备和手段，对抽取的样品或确定的检测点进行检验，测定其质量性能指标或质量性能状况。

3）分析。对检验所得的数据，用统计分析方法进行分析、整理，发现其所遵循的变化规律。

4）判断。根据数据分析的结果，与质量标准或规定相对照，判断该工序产品的质量是否达到规定的质量标准要求。

5）认可或纠正。通过判断如果符合规定的质量标准要求，则可对该工序的质量予以确认；如果通过判断发现该工序的质量不符合规定的质量标准的要求，则应进一步分析产生偏差的原因，并采取相应的措施进行纠正。

2. 工序质量控制的实施

施工过程中的工序控制，通常按以下程序进行：

（1）制定质量控制的工作程序或工作流程。

（2）编制工序质量控制计划，明确质量控制的工作程序和质量控制制度。

（3）分析影响工序质量的各种可能因素，从中找出对工序质量可能产生重要影响的主要因素，针对这些主要因素制定控制措施，进行主动地预防性控制，使这些因素处于受控状态。

（4）设置工序质量控制点，并进行质量预控。通过对工序施工过程的全面分析，确定需要进行重点控制的对象、关键部位或薄弱环节，设置质量控制点，并对所设置的质量控制点在施工中可能出现的质量问题，制定对策，进行预控。

（5）对工序活动过程进行动态跟踪控制。监理人员或施工管理人员，对工序的整个活动过程实施连续的动态跟踪控制，发现工序活动出现异常状态，应及时查找原因，采取相应的措施加以排除或纠正，确保工序活动过程处于正常、稳定的受控状态。

（6）工序施工完成后，及时进行工序活动效果的质量检验。

3. 质量控制点的设立

质量控制点是指为了保证（工序）施工质量而对某些施工内容、施工项目、工程的重点和关键部位、薄弱环节等，在一定时间和条件下进行重点控制和管理，以使其施工过程处于良好的控制状态。

（1）质量控制点设置的原则。质量控制点的选择，应依据工程项目的特点、质量要求、施工工艺的难易程度、施工队伍的素质和技术水平等因素，进行全面分析后确定。一般情况下选择质量控制点的基本原则有以下几个方面：

1）重要的和关键性的施工环节和部位。

2）质量不稳定，施工质量没有把握的施工内容和项目。

3）施工难度大的施工环节和部位。

4）质量标准或质量精度要求高的施工内容和项目。

5）对工程项目的安全和正常使用有重要影响的施工内容和项目。

6）对后续工序的质量或安全有重要影响的施工内容、施工工序或部位。

7）对施工质量有重要影响的技术参数。

8）某些质量的控制指标。

9）可能出现常见质量通病的施工内容或项目。

10）采用新材料、新技术、新工艺施工时的工序操作。

（2）一般质量控制点的设置。

1）人的行为。对于某些危险性强、技术难度较大、操作复杂、精度要求高的作业和工序，为了避免和防止操作失误而造成质量问题，应将操作人员的作业行为作为质量控制点，事先除进行详细技术交底、提出要求外，还应对操作人员从思想素质、技术能力、生理和心理状态进行分析考查，事中对其作业过程和质量进行全面考核，以避免因人的行为失当和失误而造成质量问题。

2）物的状态。在某些工序和作业中，物的不良状态（如仪器、仪表、机械设备的技术性能和作业状态，腐蚀、有毒、易燃易爆物品的状态）常常会引起质量问题，所以在施工中应根据具体情况，防止机械设备的失稳、倾覆、冲击、振动，防止易燃易爆物品的自燃、自爆，保持仪器、仪表的精度等。

3）材料的性能。某些施工内容和施工项目对材料的质量和性能有严格的要求，因此应对材料的性能进行重点控制，以保障施工的质量。例如钢筋进行预应力加工时，要求钢材均质、弹性模量一致，含硫量和含磷量不能过大，以免产生冷脆。

4）关键性操作。在一些工序的施工中，有时应对某些施工操作进行重点控制，以保证施工的质量。例如混凝土施工中，在进行混凝土振捣时，振捣棒距模板应保持一定距离，否则拆模后混凝土表面易产生蜂窝麻面；分层浇筑的大体积混凝土，在进行混凝土振捣时，振捣棒应插入下层混凝土一定深度，以保证上、下层混凝土接合成一个整体。

5）施工顺序。某些施工工序或操作，应严格保持正确的施工顺序，否则会严重影响施工质量。例如冷拉钢筋时一定要先对焊后冷拉，如若先冷拉后对焊就会失去冷强。

6）施工间隙。在某些工序的施工中，应严格控制工序操作中的施工间隙时间，否则会严重影响施工的质量。例如在分层浇筑的大体积混凝土中，要控制上、下两层混凝土浇筑的间隔时间，一般应控制在 2h 之内，否则上、下层混凝土之间将不能很好地结合成一个整体，而形成一个薄弱面，即形成所谓的"冷缝"，这将严重影响混凝土的整体性质量。

7）施工方法。在某些施工内容或施工项目中，必须采用合理的施工方法，才能保证相应的施工质量。例如在大体积混凝土施工中，应采取相应的温控措施，以预防混凝土出现温度裂缝。此外，在建筑物施工中要防止建筑物倾斜，在结构施工中要防止群桩失稳，在模板施工中要防止模板失稳等，这些问题均作为质量控制的重点。

8）技术参数。在一些工序的施工中，某些技术参数与施工质量有密切关系，应进行重点控制。例如回填土和三合土施工中的最佳含水量，混凝土施工中的水灰比、外加剂掺量等，都将影响到回填土或混凝土的质量。

9）质量指标。在一些工序的施工中，应经常检查和严格控制某些质量指标，以保证施工的质量。例如回填土的干密度、混凝土的强度、混凝土的抗渗性、寒冷地区混凝土的抗冻性、砌砖工程中砖缝的饱满度等。

10）新材料、新技术、新工艺的应用。当工程项目的施工中采用了新材料、新技术、新工艺时，由于是初次使用，缺乏施工经验，为了保证施工的质量，必须制定相应的操作规程，在施工中严格检查和控制。

（3）质量控制点的布控。在分部工程施工前，承包人应制订施工计划，选定和设置质量控制点，并且在随后制订的质量计划中明确哪些是见证点，哪些是停止点，然后提交监理工程师审批，如监理工程师对其有不同意见，可以用现场通知的方式书面通知承包人调整。

1）质量控制措施的设计有以下几种：

①列出质量控制点明细表。表中应列出各质量控制点的名称和内容、质量要求、质量检验程度和方法、检验工具和设备、质量控制的责任人等内容。

②设计控制点的施工流程图。

③应用因果分析方法进行工序分析，找出工序的支配性要素。

④制订工序质量表，对各支配性要素规定出明确的控制范围和控制要求。

⑤编制保证质量的作业指导书。

⑥绘制作业网络图，图中标出各控制因素所采用的计量仪器、编号、精度等，以便进行精确计量。

2）质量控制点的实施：

①进行控制措施交底。将质量控制点的控制措施设计向操作班组交底，使操作人员明确操作要点。

②按作业指导书进行操作。

③认真记录，检查结果。

④运用统计方法不断分析改进（PDCA）以保证质量控制点的质量符合要求。

（4）见证点和停止点。

1）见证点。见证点是指重要性一般的质量控制点，在这种质量控制点施工前，承包人应提前（一般为24h）通知监理单位派监理人员在约定的时间到现场进行见证，对该质量控制点的施工进行监督和检查，并在见证表上详细记录质量控制点所在的建筑部位、施工内容、数量、施工质量和工时，并签字以作凭证。如果在规定的时间监理人员未能到达现场进行见证和监督，承包人可以认为已取得监理单位的同意，有权进行该见证点的施工。

2）停止点（待检点）。停止点是指重要性较高，其质量无法通过施工以后的检验来得到证实的质量控制点。例如无法依靠事后检验来证实其内在质量或无法事后把关的特殊工序或特殊过程。对于这种质量控制点，在施工之前承包人应提前通知监理单位，并约定施工时间，由监理单位派出监理人员到现场进行监督控制，如果在约定的时间监理人员未到现场进行监督和检查，则承包人应停止该质量控制点的施工，根据合同规定，等待监理人员，或另行约定该质量控制点的施工时间。

（三）施工质量检验

1.质量检验的一般要求

（1）承担工程检测业务的检测单位应具有水行政主管部门颁发的资质证书。其设备和人员的配备应与所承担的任务相适应，有健全的管理制度。

（2）工程施工质量检验中使用的计量器具、实验仪器仪表及设备应定期进行检定，并具备有效的检定证书。国家规定需强制检定的计量器具应经县级以上计量行政部门认定的计量检定机构或授权设置的计量检定机构展开检定。

（3）检测人员应熟悉检测业务，了解被检测对象性质和所有仪器设备性能，经考核合格后，持证上岗。参与中间产品及混凝土（砂浆）试件质量资料复核的人员应具备工程师以上工程系列技术职称，并从事过相关试验工作。

（4）工程质量检验项目和数量应符合《水利水电基本建设工程单元工程质量等级

评定标准（试行）》（SDJ249—88，SL38—92）以下简称 SDJ249 —88，SL38 —92 的相关规定。

（5）工程质量检验方法应符合 SDJ249—88，SL38—92 和国家及行业现行技术标准的有关规定。

（6）工程质量检验数据应真实可靠，检验记录及签证应完整齐全。

（7）工程项目中如遇到 SDJ249—88，SL38—92 中尚未涉及的项目质量评定标准时，其质量标准评定表格由项目法人组织监理、设计及承包人按水利部有关规定进行编制和报批。

（8）工程中永久性房屋、专用公路、专用铁路等项目的施工质量检验与评定可按相应行业标准执行。

（9）项目法人、监理、设计、施工和工程质量监督等单位根据工程建设需要，可委托具有相应资质等级的水利工程质量检测单位进行工程质量检测。承包人自检性质的项目及数量，根据 SDJ249—88，SL38—92 及施工合同约定执行。对已建工程质量有重大分歧时，应由项目法人委托第三方具有相应资质等级的质量检测单位进行检测，检测数量视需要确定，检测费用由责任方承担。

（10）堤防工程竣工验收前，项目法人应委托具有相应资质等级的质量检测单位进行抽样检测，工程质量抽检项目和数量由工程质量监督机构确定。

（11）对涉及工程结构安全的试块、试件及有关材料，应实行见证取样。见证取样资料由承包人制备，记录应真实齐全，参与见证取样人员应在相关文件上签字。

（12）工程中出现检验不合格的项目时，应按以下几方面规定进行处理：

1）原材料、中间产品一次抽样检验不合格时，应及时对同一取样批次另取两倍数量进行检验，如仍不合格，则该批次原材料或中间产品应定为不合格，不得使用。

2）单元（工序）工程质量不合格时，应按合同要求进行处理或返工重做，并经重新检验且合格后方可进行后续工程施工。

3）混凝土（砂浆）试件抽样检验不合格时，应委托具有相应资质等级的质量检测单位对相应工程部位进行检验。如仍不合格，由项目法人组织有关单位进行研究，并提出处理意见。

4）工程完工后的质量抽检不合格，或其他检验不合格的工程，应按有关规定进行处理，合格后才能进行验收或进行后续工程施工。

2.质量检验的职责范围

（1）永久性工程（包括主体工程及附属工程）施工质量检验应符合以下规定：

1）承包人应结合工程设计要求、施工技术标准和合同约定，结合 SDJ249—88，SL38—92 的规定确定检验项目及数量并进行自检，自检过程应有书面记录，同时结合自检情况如实填写水利部颁发的《水利水电工程施工质量评定表》（办建管〔2002〕

182 号）。

2）监理单位应根据 SDJ249—88，SL38—92 和抽样检测结果复核工程质量。其平行检测和跟踪检测的数量按《水利工程建设项目施工监理规范》（SL288—2003）或合同约定执行。

3）项目法人应对承包人自检和监理单位抽检过程进行督促检查，对报工程质量监督机构核备、核定的工程质量等级进行认定。

4）工程质量监督机构应对项目法人、监理、勘测、设计、承包人以及工程其他参建单位的质量行为和工程实物质量进行监督检查。检查结果应按有关规定及时公布，并书面通知有关单位。

（2）临时工程质量检验及评定标准，应由项目法人组织监理、设计及施工等单位根据工程特点，参考 SDJ249—88，SL38—92 和其他相关标准确定，并报相应的工程质量监督机构核备。

3. 质量检验内容

（1）质量检验包括施工准备检查，原材料与中间产品质量检验，水工金属结构、启闭机及机电产品质量检查，单元（工序）工程质量检验，质量事故检查和质量缺陷备案，工程外观质量检验等。

（2）主体工程开工前，承包人应组织人员进行施工准备检查，并经项目法人或监理单位确认合格且履行相关手续后，才能进行主体工程施工。

（3）承包人应按 SDJ249—88，SL38—92 及有关技术标准对水泥、钢材等原材料与中间产品质量进行检验，并报监理单位复核，不合格产品不得使用。

（4）水工金属结构、启闭机及机电产品进场后，有关单位应按合同进行交货检查和验收。安装前，承包人应检查产品是否有出厂合格证、设备安装说明及有关技术文件，对在运输和存放过程中发生的变形、受潮、损坏等问题应做好记录，并进行妥善处理。无出厂合格证或不符合质量标准的产品不得用于工程中。

（5）承包人应按 SDJ249—88，SL38—92 及有关标准检验工序及单元工程质量，做好书面记录，在自检合格后，填写《水利水电工程施工质量评定表》，并报监理单位复核。监理单位根据抽检资料核定单元（工序）工程质量等级，发现不合格单元（工序）工程，应要求承包人及时进行处理，合格后才能进行后续工程施工。对施工中的质量缺陷应书面记录备案，进行必要的统计分析，并在相应单位（工序）工程质量评定表"评定意见"栏内注明。

（6）承包人应及时将原材料、中间产品及单元（工序）工程质量检验结果报监理单位复核。并应按月将施工质量情况报送监理单位，由监理汇总分析后报项目法人和工程质量监督机构。

（7）单位工程完工后，项目法人应组织监理、设计、施工及工程运行管理等单位组成工程外观质量评定组，现场进行工程外观质量检验评定，并将评定结果报工程质量监督机构核定。参加工程外观质量评定的人员应具有工程师以上技术职称或相关执业资格。评定组人数应不少于 5 人，大型工程不宜少于 7 人。

三、施工质量评定

工程质量的检查与评定是对工程质量是否满足设计和规范要求的重要控制手段和综合评价，是工程质量管理工作的核心内容。根据《水利水电工程施工质量检测与评定规程》（SL176—2007）的有关规定，进行施工质量评定工作。

（一）施工质量评定的组织与管理

（1）单元（工序）工程质量在承包人自评合格后，报监理单位复核，由监理工程师核定质量等级并签证认可。

（2）重要隐蔽单元工程及关键部位单元工程质量经承包人自评合格、监理单位抽检后，由项目法人（或委托监理）、监理、设计、施工、工程运行等单位组成联合小组，共同检查核定其质量等级并填写签证表，报工程质量监督机构核定。

（3）分部工程质量，在承包人自评合格后，由监理单位复核，项目法人认定。分部工程验收的质量结论由项目法人报工程质量监督机构核定。大型枢纽工程主要建筑物的分部工程验收的质量结论由项目法人报质量监督机构核定。

（4）单位工程质量，在承包人自评合格后，由监理单位复核，项目法人认定。单位工程验收的质量结论由项目法人报工程质量监督机构核定。

（5）工程项目质量，在单位工程质量评定合格后，由监理单位进行统计并评定工程项目质量等级，经项目法人认定后，报工程质量监督机构核定。

（二）施工质量的合格标准

（1）施工质量的合格标准是工程验收标准。不合格工程必须进行处理且达到合格标准后，才能进行后续工程施工或验收。水利水电工程施工质量等级评定的主要依据有：

1）国家及相关行业技术标准。

2）《水利水电基本建设工程单元工程质量等级评定标准》（SDJ249—88，SL38—92）。

3）经批准的设计文件、施工图纸、金属结构设计图样与技术条件、设计修改通知书、厂家提供的设备安装说明书及有关技术文件。

4）工程承发包合同中约定的技术标准。

5）工程施工期及试运行期间的试验和观测分析成果。

（2）单元（工序）工程施工质量合格标准应按照 SDJ249—88，SL38—92 或相关合同约定的合格标准执行。当达不到合格标准时，应及时处理。处理后的质量等级应按以下规定重新确定：

1）全部返工重做的，可重新评定质量等级。

2）经加固补强并经设计和监理单位鉴定能达到设计要求时，其质量评为合格。

3）处理后的工程部分质量指标仍达不到设计要求时，经设计复核，项目法人及监理单位确认能满足安全和使用功能要求，可不再进行处理；或经加固补强后，改变了外形尺寸或造成工程产生永久性缺陷的，经项目法人、监理及设计单位确认能基本满足设计要求，其质量可定为合格，但应按规定进行质量缺陷备案。

（3）分部工程施工质量同时满足以下标准时，其质量评定为合格：

1）所含单元工程的质量全部合格，质量事故及质量缺陷按要求处理，并经检验合格。

2）原材料、中间产品及混凝土（砂浆）试件质量全部合格，金属结构及启闭机制造质量合格，机电产品质量合格。

（4）单位工程施工质量同时满足以下标准时，其质量评为合格：

1）所含分部工程质量全部合格。

2）质量事故已按要求进行处理。

3）工程外观质量得分率达到70%以上。

4）单位工程施工质量检验与评定资料基本齐全。

5）工程施工期及试运行期，单位工程观测资料分析结果符合国家和行业技术标准以及合同约定的标准要求。

（5）工程项目施工质量同时满足以下两项标准，其质量达到合格：

1）单位工程质量全部合格。

2）工程施工期及试运行期，各单位工程观测资料分析结果均符合国家和行业技术标准以及合同约定的标准要求。

（三）施工质量的优良标准

（1）优良等级是为工程项目质量创优而设置的。

（2）单元工程施工质量优良标准应按照3DJ249—88，SL38—92以及合同约定的优良标准执行。全部返工重做的单元工程，经检验达到优良标准时，可评定为优良等级。

（3）分部工程施工质量同时满足以下两项标准时，其质量评为优良：

1）所含单元工程质量全部合格，其中70%以上达到优良等级，重要隐蔽单元工程和关键部位单元工程质量优良率达到90%以上，且施工中未发生过质量事故。

2）中间产品质量全部合格，混凝土（砂浆）试件质量达到优良等级（当试件组数小于30时，试件质量合格），原材料质量、金属结构及启闭机制造质量全部合格，机电产品质量合格。

（4）单位工程施工质量同时满足以下标准时，其质量评为优良：

1）所含分部工程质量全部合格，其中70%以上达到优良等级，主要分部工程质量全部优良，且施工中未发生过较大质量事故。

2）质量事故已按要求进行处理。

3）外观质量得分率达到85%以上。

4）单位工程施工质量检验与评定资料齐全。

5）工程施工期及试运行期，单位工程观测资料分析结果符合国家和行业技术标准以及合同约定的标准要求。

（5）工程项目施工质量同时满足以下两项标准，其质量达到优良：

1）单位工程质量全部合格，其中70%以上单位工程质量达到优良等级，且主要单位工程质量全部优良。

2）工程施工期及试运行期，各单位工程观测资料分析结果均符合国家和行业技术标准以及合同约定的标准要求。

四、质量事故（缺陷）的处理

（一）水利工程质量事故的分类及报告内容

根据《水利工程质量事故处理暂行规定》（水利部9号令），水利工程质量事故是指在水利工程建设过程中，由于建设管理、监理、勘测、设计、咨询、施工、材料、设备等原因造成工程质量不符合规程、规范和合同规定的质量标准，影响工程使用寿命和对工程安全运行造成隐患和危害事件。需注意的问题是，水利工程质量事故可以造成经济损失，也可能导致人身伤亡。《水利工程质量事故处理暂行规定》所指的质量事故是指造成经济损失而没有人员伤亡的质量事故。

1.水利工程质量事故的分类

工程质量事故按直接经济损失的大小，检查、处理事故对工期的影响时间长短和对工程正常使用的影响，分类为一般质量事故、较大质量事故、重大质量事故、特大质量事故。小于一般质量事故的称为质量缺陷。

2.水利工程质量事故的报告

水利工程事故发生后，事故单位要严格保护现场，采取有效措施抢救人员和财产，防止事故扩大。因抢救人员、疏导交通等原因导致需要移动现场物件时，应做出标志、绘制现场简图并做书面记录，妥善保管现场重要痕迹、物证，并进行拍照或录像。

事故发生后，项目法人必须将事故的简要情况向主管部门报告。项目主管部门接到事故报告后，按照管理权限向上级水行政主管部门报告。发生较大质量事故、重大质量事故、特大质量事故时，事故单位要在48h内向有关单位提出书面报告。突发性事故，事故单位要在 4h 内通过电话向上级单位报告。有关事故报告应包括以下主要内容：

（1）工程名称、建设地点、工期，项目法人、主管部门及负责人电话。

（2）事故发生的时间、地点、工程部位以及相应的参建单位名称。

（3）事故发生的简要经过、伤亡人数和直接经济损失的初步估计。

（4）事故发生原因初步分析。

（5）事故发生后采取的措施及事故控制情况。

（6）事故报告单位、负责人以及联络方式。

（二）水利工程事故调查的程序

根据《水利工程质量事故处理暂行规定》（水利部 9 号令），事故调查的基本程序如下：

（1）发生质量事故，要按照相关规定的管理权限组织调查组进行调查，查明事故原因，提出处理意见，提交事故调查报告。事故调查组成员实行回避制度。

（2）事故调查管理权限按以下原则确定：

1）一般质量事故由项目法人组织设计、施工、监理等单位进行调查，调查结果报项目主管部门核备。

2）较大质量事故由项目主管部门组成调查组进行调查，调查结果报上级主管部门批准并报省级水行政主管部门核备。

3）重大质量事故由省级以上水行政主管部门组成调查组进行调查，调查结果报水利部核备。

4）特大质量事故由水利部组织调查。

（3）事故调查的主要任务：

1）查明事故发生的原因、过程、经济损失情况和对后续工程的影响。

2）组织专家进行技术鉴定。

3）查明事故的责任单位和主要责任人应负的责任。

4）提出工程处理和采取措施的建议。

5）提出对责任单位和责任人的处理建议。

6）提出事故调查报告。

（4）事故调查组有权向事故单位、各有关单位和个人了解事故的有关情况。有关单位和个人必须实事求是地提供有关文件或材料，不得以任何方式阻碍或干扰调查组开展正常工作。

（5）事故调查组提出的事故调查报告经主持单位同意后，调查工作即宣告结束。

（三）水利工程质量事故的处理

1. 质量事故处理原则

发生质量事故，必须遵循"事故原因不查清楚不放过，主要事故责任人和职工未受教育不放过，补救和防范措施不落实不放过"的原则，认真调查事故原因，研究处理措施，查明事故责任，做好事故处理工作。

2. 质量事故处理职责划分

（1）一般质量事故由项目法人负责组织有关单位制定处理方案并实施，报项目主管部门备案。

（2）较大质量事故由项目法人负责组织有关单位制定处理方案，报上级主管部门审定后实施，报省级水行政主管部门或流域机构备案。

（3）重大质量事故由项目法人负责组织有关单位制定处理方案，征得事故调查组意见后，报省级以上水行政主管部门或流域机构审定后实施。

（4）特大质量事故由项目法人负责组织有关单位制定处理方案，征得事故调查组意见后，报省级以上水行政主管部门或流域机构审定后实施，并报水利部备案。

3. 事故处理中设计变更管理

事故处理需要进行设计变更的，需原设计单位或有资质的设计单位提出设计变更方案。需进行重大设计变更的，必须经原设计审批部门审定后实施。

事故部位处理完毕后，必须按照管理权限经过质量评定与验收后，方可投入使用或进入下一阶段施工。

4. 质量缺陷的处理

小于一般质量事故的质量问题称为质量缺陷。所谓质量缺陷是指小于一般质量事故的质量问题，即因特殊原因，使得工程个别部位或局部达不到规范和设计要求（不影响使用），且未能及时进行处理的工程质量问题。一般按照以下方式进行处理：

（1）因特殊原因，使得工程个别部位或局部达不到规范和设计要求（不影响使用），且未能及时进行处理的工程质量缺陷问题（质量评定仍为合格），必须以工程质量缺陷备案形式进行记录备案。

（2）质量缺陷备案的内容包括：质量缺陷产生的部位、原因，对质量缺陷是否处理和如何处理以及建筑物使用的影响等。内容必须真实、全面、完整，参建单位必须在质量缺陷备案表上签字，有不同意见时应明确记载。

（3）质量缺陷备案资料必须按竣工验收的标准制备，作为工程竣工验收备案资料存档。质量缺陷备案表由监理单位组织填写。

（4）工程竣工验收时，项目法人必须向验收委员会汇报并提交历次质量缺陷备案资料。

第四节 施工进度管理

施工进度管理，是指承包人综合招标人确定的总工期目标，编制施工进度计划和资源供应计划，进行施工进度控制，在与质量、费用目标协调的基础上，实现预先确定的工期目标的过程。工期、费用、质量是工程项目的三大目标，其中费用发生在项目的各项作业中，质量取决于每个作业过程，工期则主要依赖于进度系列上时间的保证，这些目标都是通过进度的管理加以控制，因此进度管理是项目管理工作的首要内容。在大型水利工程的建设中，建设周期长，影响范围广，受自然环境因素影响大，施工交叉作业多。这些因素处理不好都有可能影响工程项目的如期交付，甚至导致项目的失败。所以，在水利工程建设项目管理中，施工进度管理是工程实施中的首要任务，也是水利工程项目管理的灵魂。

一、施工进度计划的类型

施工进度计划是指工程项目施工中各项工作的（工序）开展顺序、开始及完成时间及相互衔接关系的计划。通过施工进度计划的编制，使得工程项目实施形成有机的整体。施工进度计划是施工进度控制和管理的重要依据。

施工进度计划按照管理范围不同可分为：施工总进度计划、单位工程施工进度计划、分部分项工程施工进度计划。

（一）施工总进度计划

施工总进度计划是以整个工程项目为对象，表明工程项目从开始实施到全部完工各个主要施工阶段的进度安排。施工总进度计划是根据已经批准的初步设计以及现场施工条件来编制，是指导工程施工进度全局性、指导性的技术文件。一般由总承包管理单位或施工总承包单位编制。

对于大型水利工程项目，因建设周期长、承包人多、工程前后和横向衔接多等特点，必须依靠施工总进度计划，协调工程建设的总进度。

（二）单位工程施工进度计划

单位工程的施工进度计划是承包人以各种施工定额为标准，根据各主要工序的施工顺序、工时及计划投入的人工、材料、设备等情况，编制出各分部分项工程的进度安排。在时间与空间上充分反映施工方案、施工平面图设计及资源计划编制等所起的各自作用。单位工程施工进度计划是具有控制性、作业性的单目标控制计划，是施工总进度计划的重要组成部分。

（三）分部工程施工进度计划（作业进度计划）

分部工程施工进度计划是施工进度计划的具体化，直接指导基层施工队（组）进行施工活动，安排具体作业进度。

二、影响施工进度的主要因素

（一）主要影响因素

（1）人的因素。

（2）材料、设备的因素。

（3）方法、工艺的因素。

（4）资金因素。

（5）环境因素。

（二）影响施工进度的主要表现形式

（1）错误预估了工程项目实现的特点及实现的条件。低估了项目的实现在技术上存在的困难；未考虑到某些项目设计和实施问题的解决，须进行必要的科研和实验，而它既需要资金又需要时间；低估了项目实施过程中各子项目参与者之间协调的困难；对环境因素、物资供应条件、市场价格变化趋势等缺乏了解等。

（2）对项目的特点考虑不周全，盲目确定工期目标。要么工期太短，无法实现；要么工期太长，效率低下。

（3）工期计划的不足。工程项目的设计、材料、设备等资源条件不落实，进度计划缺乏资源保证，以致进度计划难以实现；进度计划编制质量粗糙，指导性差；进度计划未认真交底，操作者不能切实掌握计划的目的和要求，以致管理不力；不考虑计划的可变性，认为一次计划就可以一劳永逸；计划的编制缺乏科学性，致使计划缺乏贯彻的基础而流于形式；项目实施者不按计划执行，凭经验办事，致使编制的计划徒劳无益，不起作用。

（4）工程项目参与者的失误。设计进度拖延，突发事件处理不当，工程项目参加各方关系协调不顺等。

（5）不可预见事件的发生。恶劣气候条件，复杂的地质条件等。

三、施工进度计划的编制

（一）施工总进度计划的编制

1.施工总进度计划的编制依据

（1）已批准的初步设计对工程项目总工期的要求。

（2）工程项目中包含的主要工程建设内容。

（3）工程项目所在河流的气象、水文、地质等自然条件。

（4）工程项目所在地的交通及所需资源的供应状况。

2.施工总进度计划的编制程序

（1）进行工程项目划分并确定子项目的工程量。施工总进度计划主要起控制总工期的作用，因此项目划分不宜过细，通常根据单位工程进行划分，并列出单位工程开展的顺序。对于一些附属项目、临时设施等可以合并列出。

按照批准的各单位工程的主要工程量清单，确定各单位工程施工方案的主要施工、运输机械，初步规划主要施工过程的流程顺序、估算各单位工程的完成时间、计算劳动力和各项主要物资的需要量等。定额标准可参照概算定额。

（2）确定各单位工程的施工期限。由于各承包人的施工技术和施工管理水平、机械化程度、劳动力和材料供应情况等不同，对各单位工程的施工期限影响很大。因此，应根据各承包人的具体条件，并考虑具体单位工程的实际情况和现场地形地质、施工条件等因素，参照有关的工期定额来确定各单位工程的施工期限。

（3）确定各单位工程的开工、完工时间和相互搭接关系。在确定了总的施工期限、施工程序和各单位工程的控制期限及搭接后，就可以对每一个单位工程的开工、完工时间进行具体安排。通过对各单位工程的工期进行计算分析，具体安排各单位工程的搭接施工时间。通常应考虑以下各主要因素：

1）保证重点，兼顾一般。在安排进度时，要分清主次、抓住重点，同期进行的项目不宜过多，以免分散有限的人力、物力。主要工程项目，是指工程量大、工期长、质量要求高、施工难度大，对其他工程施工影响大，对整个建设项目顺利完成起关键性作用的工程子项目。这些项目在各系统的期限内应优先安排。

2）要满足连续、均衡施工要求。在安排施工进度时，应尽量使各工种施工人员、施工机械在全工地内连续施工，同时尽量使劳动力、施工机具和物质消耗量在全工地上力求均衡，尽量避免出现突然的高峰和低谷，以利于劳动力的调度和原材料供应。为达到这种要求，可以在工程项目之间组织大流水施工作业。另外，为实现连续均衡施工，还要留出一些后备项目（如临时设施、附属工程等），作为调节项目，穿插在主要项目的流水作业中。

3）全面考虑各种条件的限制。在确定各单位工程的施工顺序时，还应考虑各种客观条件的限制。如工程所在流域的水文、气象环境条件，施工作业场地条件，承包人的施工力量，各种原材料、机械设备的供应情况，设计单位提供图纸的时间，年度投资的资金安排情况等。这些都是影响施工进度的重要因素，有些因素甚至可能对关键工期起决定性作用，例如主汛期和枯水期对水利枢纽截流起决定性作用，北方地区气温条件对混凝土浇筑影响很大。

（4）施工总进度的表达。施工总进度计划一般用图表示，通常有横道图和网络图两种。由于施工总进度计划只是起控制作用，因此不必做得太细。当用横道图表达总进度计划时，项目的排列可按施工总体方案所确定的工程展开程序排列。横道图上应表达出各施工项目的开工、完工及其施工持续时间。

用网络图表达施工总进度计划，已经在实践中得到广泛应用。用时标网络图表达总进度计划，比横道图更加直观、明了，既能够清楚表达出各项目之间的逻辑关系，同时可以用计算机计算输出，对进度计划进行调整、优化、统计资源数量、输出图表等。

（二）单位工程施工进度计划的编制

1. 单位工程施工进度计划的编制依据

（1）经过审批的单位工程技术图纸及地质、地形图等技术资料。

（2）施工总组织设计对本单位工程的要求及施工总进度计划。

（3）要求的施工工期及开工、完工时间。

（4）施工条件、劳动力、材料、构件及机械的供应条件、分包单位的情况等。

（5）确定的重要分部分项工程的施工方案、施工预算、施工定额等。

（6）招标投标文件中对工期的要求等。

2. 单位工程施工进度计划的编制程序

单位工程施工进度计划的编制程序应严格按照以下顺序进行，不得颠倒。

（1）收集编制依据。

（2）划分施工项目（也叫项目分解）。

（3）确定划分后的各子项目的工程量。

（4）根据本企业的施工定额计算各子项目的劳动量和机械台班需用量。

（5）确定各子项目施工持续时间。

（6）确定各子项目之间的关系及搭接。

（7）编制初步计划方案并绘制进度计划图。

（8）根据各种条件进行施工进度计划的优化。

（9）绘制正式进度计划。

3. 划分施工项目（也叫项目分解）

施工项目的划分是指将单位工程分解为若干项施工过程明确的工作内容，是施工进度计划的基本组成单元。项目内容的多少，划分的粗细程度，应根据计划的需要来决定。一般来说，单位工程进度计划的项目应明确到分项工程或更具体，以满足指导施工作业的要求。通常项目分解应按顺序列成表格、编排序号、查对是否遗漏或重复。凡是与工程对象施工直接的有关内容均应列入，非直接施工辅助性项目和服务性项目则不必列入。项目分解内容应该与施工方案保持一致。

4.确定各子项目工程量和持续时间

各子项目工程量的确定应根据施工图纸、有关的计算规则和相应的施工方法进行计算。各子项目的持续时间一般按正常情况确定，待编制出初始计划并经过计算，再结合实际情况作必要的调整。一般多按照实际施工条件估算项目的持续时间。即根据过去的施工经验进行估计，这种方法多适用于新工艺、新方法、新材料等无定额可循的工程。在经验估计法中，有时为了提高其准确程度，往往采用"三时估计法"，即先估计出该项目的最长、最短和最可能的三种持续时间，然后据此求出期望的持续时间作为该项目的持续时间。

5.确定施工顺序

施工顺序是在施工方案中确定的施工流向和施工程序的基础上，按照所选施工方法和施工机械的要求确定的。

确定施工顺序是为了按照施工的技术规律和合理的组织关系，解决各项目之间在时间上的先后和搭接问题，以期实现保证质量、安全施工、充分利用空间、争取时间、实现合理工期的目的。

一般来说，施工顺序受施工工艺和组织两方面的制约。当施工方案确定后，项目之间的施工工艺顺序也就随之确定了，如果违背这种关系，将无法施工，或者导致出现质量、安全事故，或造成返工浪费。

由于劳动力、机械、材料和构件等资源的组织和安排需要而形成的各项目之间的先后顺序，称为组织关系。组织方式不同，组织关系也就不同。不同的组织关系产生不同的经济效果，所以组织关系不但可以调整，而且应该按规律、按管理需要与管理水平进行优化，并将施工工艺关系和组织关系有机地结合起来，形成项目之间的合理顺序关系。不同专业的工程，同一专业的不同工程，其施工顺序各不相同。因此，设计施工顺序时，必须根据工程特点、技术上和组织上的要求以及施工方案等进行研究，既要考虑施工顺序具有单件性的特点，又要考虑施工顺序的共性特点。

6.绘制施工进度计划图

（1）首先要选择进度计划图的形式。主要包括横道图、双代号网络计划、单代号网络计划、时标网络计划。

（2）安排计划时应先安排各分部工程的计划，然后再组织成单位工程施工进度计划。

（3）安排各分部工程施工进度计划应首先确定主导施工过程，并以它为主导，组织等节奏或异节奏流水作业，进而组织单位工程的分别流水作业。

（4）施工进度计划图编制以后，要计算总工期并进行判别，目的是满足工期目标要求。若不满足，则应进行调整或优化，然后绘制资源动态曲线进行资源均衡程度的判别；若不满足要求，再进行资源优化，主要是"工期规定、资源均衡"的优化。

（5）优化完成后再绘制正式的单位工程施工进度计划图，付诸实施。

四、施工进度控制

编制施工进度计划的目的就是指导项目的施工，以保证实现项目的工期目标。但在施工进度计划实施过程中，由于主客观条件的不断变化，计划也需随之改变。有效进行施工进度控制的关键是监控实际施工进度，及时、定期地将实际施工进度与施工进度计划进行比较，并及时采取纠正措施。施工管理人员不能简单地认为问题会在不采取任何措施的情况下自动消失。工程项目的施工进度控制就是在既定的工期内，编制出最优的施工进度计划，在施工进度计划的执行中，经常检查工程实际进度情况，并将其与进度计划相比较，若出现偏差，要及时分析产生的原因及对工期的影响程度，确定必要的调整措施，更新原计划。这一过程经过不断循环，直至工程完成。

施工进度控制的目标就是确保工程按既定工期目标实现，或在保证工程质量并不因此增加工程实际成本的条件下，适当缩短工期。

施工进度控制的主要方法是规划、控制和协调。规划是指确定工程施工总进度控制目标和单位工程施工进度目标，并编制其施工进度计划；控制是指在项目实施全过程中进行检查、比较及调整；协调是指协调参与工程的各有关单位、部门和人员之间的关系，协调资源的供应，使之有利于工程的进展。

施工进度控制所采用的措施主要有组织措施、技术措施、合同措施、经济措施和管理措施等。组织措施是指落实各层次的进度控制人员、具体任务和工作责任；建立进度控制组织系统；按照工程项目的工作流程或合同结构等进行项目的分解，确定其进度目标，建立控制目标体系；确定进度控制工作制度，如检查时间、方法、协调会议时间、参加人员等；对影响进度的因素进行分析和预测。技术措施主要是指采取加快项目进度的技术方法。合同措施是指工程项目的发包人和承包人之间、总包方与分包方之间等，通过签订合同明确工期目标，对工程完成的时间进行制约。经济措施是指实现进度计划的资金保证措施。管理措施是指加强信息管理，不断地收集工程实际进度的有关信息资料，并对其进行整理统计，与进度计划相比较，定期提出项目进展报告，以此作为决策依据之一。

（一）施工进度计划的实施

1.施工进度计划实施的干扰因素

在施工进度计划实施过程中，必然会遇到许多困难，这就需要根据项目的具体情况预测、分析可能遇到的干扰因素，提出消除这些干扰因素的措施并加以实施。实施的干扰因素来自多方面，一般有人的因素、资源的因素、环境的因素等。

（1）人的因素。工程项目的实施人员未能认识到施工进度计划的必要性和重要性，实际施工中不完全按施工计划施工，从而导致实际施工和计划脱节。

（2）资源的因素。工程项目中使用的资源，如材料、设备、劳动力、资金等不能按计划提供，或提供的数量、质量不能满足要求。

（3）环境的因素。受不利的环境因素影响，如不良的气候条件、不可预见的地质条件、超标准的洪水等自然因素等，都阻碍了计划的正常实施。

2. 施工进度计划实施准备

（1）建立组织机构。为了保证施工进度计划得以顺利实施，必须建立有必要的组织机构。组织机构的主要作用就在于编制实施计划，落实计划实施的保证措施，监测计划的执行情况；分析与控制计划执行状况。组织机构的形式、规模等应根据工程项目的具体条件确定，无统一模式。但应做到施工期控制和管理工作层层有人抓，环环有人管。

（2）编制实施计划。工程项目实施复杂多变，所以施工进度计划的编制，不可能考虑到工程进展过程中的所有变化，也不可能一次安排好未来工程实施的全部细节。因此说，施工进度计划是比较概括的，还应有更为符合实际的实施性计划加以补充。根据计划时间的长短，实施计划包括年度、季度、月度计划等。

（3）进行人员培训。为提高计划实施的有效性，应根据工程的特点，对各类人员分层次、分期培训，以提高工程项目参加者的素质，为进度控制打下良好的基础。

3. 施工进度计划实施的保证措施

工程项目进度受到了众多因素的制约，因此必须采取一系列措施，以保证工程能满足进度要求。措施是多方面的，不同的工程，不同的条件，措施也不相同，但下列措施是必要的。

（1）施工进度计划的贯彻。施工进度计划的贯彻是计划实施的第一步，也是关键的一步。其工作内容包括：

1）检查各类计划，形成严密的计划保证系统。为保证工期的实现，应编制各类实施计划，形成一个计划实施的保证体系，以任务书的形式下达给项目实施者，以保证计划准确实施。

2）明确责任。项目经理、项目管理人员、现场作业人员，应按计划目标明确各自的责任、相互承担的经济责任、权限和利益。

3）计划全面交底。施工进度计划的实施需要工程项目全体工作人员的共同行动，要使相关人员都明确各项计划的目标、任务、实施方案和措施，使管理层和作业层协调一致，将计划变为项目人员的自觉行动。要做到这点，就应在计划实施前进行施工进度计划的交底工作。

（2）适时调度。调度工作是实现工程项目工期目标的重要方式。其主要任务是掌握工程施工进度计划实施情况，协调各方关系，采取措施解决各种矛盾，加强薄弱环节，实现动态平衡，保证完成计划和实现进度目标。调度是通过监督、协调、调度会议等方式实现的。

（3）抓关键工作。关键工作是工程项目实施的主要矛盾，应常抓不懈。可采取以下措施：

1）集中优势按时完成关键工作。为保证关键工作能按时完成，可采取组织骨干力量、优先提供资源等措施。

2）专项承包。对于关键工作可以采取专项承包的方式，即：定任务、定人员、定目标。

3）采用新技术、新工艺。技术、工艺选择不当，就会严重影响工作进度。

（4）保证资源的及时供应。应按资源供应计划，及时组织资源的供应工作，并加强对资源的管理。

（5）加强组织管理工作。根据工程特点，建立项目组织和各种责任制度，将进度计划指标的完成情况与部门、单位和个人的利益分配结合起来，做到责、权、利一体化。

（二）施工进度动态监测

在项目实施过程中，为了收集反映施工进度实际状况的信息，以便对施工项目进展情况及时进行分析，掌握施工进展动态，应随时对施工进展状态进行观测。这一过程就称为施工进度动态监测。

对于施工进展状态的观测，通常采用日常观测和定期观测的方法进行，并将观测的结果用施工进展报告的形式加以描述。

1. 定期观测

定期观测是指每隔一定时间对工程项目进度计划的执行情况进行一次较为全面、系统的观测、检查。观测的间隔时间根据工程项目类型、规模、特点和对施工进度计划执行要求程度的不同而异。可用周、旬、半月、月、季等为一个观测周期。检查的主要内容有以下几个方面：

（1）检查关键工作的进度和关键线路的变化情况，以便采取措施调整或保证计划工期的实现。

（2）检查非关键工作的进度，以便更好地发掘潜力，调整或优化资源，以保证关键工作按计划实施。

（3）检查工作之间的逻辑关系变化情况，以便适时进行调整。

（4）检查有关工程项目范围、施工进度计划和工程施工条件等变更的信息，以及对引起这些变更的原因等进行检查。

定期检查有利于工程进度动态监测的组织工作，使观测、检查更具有计划性，成为例行性工作。对于检查结果应加以记录，其记录方法与日常观测记录相同。定期检查的重要依据是日常观测、检查的结果。

2. 工程施工进度报告

工程项目施工进度观测、检查结果通过工程项目施工进度报告的形式向有关部门和有关人员报告。工程项目施工进度报告是记录检查的结果，是工程施工进度和发展趋势等有关内容的最简单的书面报告。不同的报告对象，报告的详细程度也不同。

工程项目施工进度报告的主要内容包括：工程概况、管理概况、进度概要；工程实际进度的说明；资源供应情况；进展趋势预测，到下次报告期可能发生的事件等；工程费用发生情况；工程存在的困难。

工程施工进度报告的形式分为日常报告、信息报告和特别分析报告。

（1）日常报告。根据日常监测和定期监测的结果所编制的施工进度报告即为日常报告。也是施工进度常用的形式。

（2）信息报告。为工程项目决策者提供必要的信息即为信息报告。

（3）特别分析报告。为某个特殊问题所形成的分析报告即为特别分析报告。

工程施工进度的报告期应根据项目的复杂程度和时间期限以及项目的动态监测方式等因素确定，一般可考虑定期观测的间隔周期相一致。一般来说，报告期越短，早发现问题并采取纠正措施的机会就越多。如果一个项目偏离了控制，就很难在不影响项目范围、预算、进度或质量的情况下实现项目目标。

（三）比较分析与施工进度计划更新

在工程施工过程中，有些工作或项目会按时完成，有些会提前，而有些可能会延期完成，这些都会对其后续工作产生影响。特别是已完成工作或项目的实际完成时间，不仅决定着后续工程项目的最早开始与完成时间，而且有可能影响总工期。但需要注意的是，并不是所有没有按工期完成的项目都会对工程总工期产生不利影响。有些可能会造成工期拖延，有的可能对总工期产生不利影响，有的可能有利于总工期的实现。这就需要对实际施工进度进行比较分析，以弄清对工程项目可能会产生的影响，以此作为工程项目施工进度更新的依据。

进度控制的核心问题就是能根据工程的实际施工进度情况，不断地进行进度计划的更新。

1. 比较与分析

通过施工进度报告所反映的实际情况，将工程项目的实际施工进度与计划进度进行比较分析，以评判其对工程项目工期产生的影响，确定实际进度与计划不相符合的原因，进而找出对策，这是进度控制的重要环节之一。进行比较分析的方法主要有以下几种：

（1）横道图比较法。横道图比较法是将在工程进度报告中通过观测、检查、搜集到的信息，经整理后直接用横道线并列于原计划的横道线，一起进行直观比较的方法。

（2）实际进度前锋线比较法。前锋线比较是从计划检查时间的坐标点出发，用点画线依次连接各项工作的时间进度点，最后到计划检查时间的坐标点为止，形成前锋线。

2. 工程施工进度计划的更新

根据实际进度与计划进度比较分析的结果，以保持项目工期不变、保证项目质量和所耗费用最少为目标，做出有效对策，进行项目进度更新，这是进行进度控制和进度管理的宗旨。工程项目进度更新主要包括两方面工作，即分析进度偏差的影响和进行项目进度计划的调整。

（1）分析进度偏差的影响。通过前述进度比较方法，当出现偏差时，应分析该偏差对后续工作及总工期的影响，主要从以下几方面进行分析：

1）分析产生进度偏差的工作是否为关键工作，若出现偏差的工作是关键工作，则无论其偏差大小，对后续工作及总工期都会产生影响，必须进行进度计划更新；若出现偏差的工作为非关键工作，则需根据偏差值与总时差和自由时差的大小关系，确定其后续工作和总工期的影响程度。

2）分析进度偏差是否大于总时差。如果工作的进度偏差大于总时差，则必将影响后续工作和总工期，应采取相应的调整措施；若工作的进度偏差小于或等于该工作的总时差，表明对总工期无影响，但其对后续工作的影响，需要将其偏差与其自由时差相比较才能作出判断。

3）分析进度偏差是否大于自由时差。如果工作的进度偏差大于该工作的自由时差，则会对后续工作产生影响，是否调整，应根据后续工作允许影响的程度而定；若工作的进度偏差小于或等于该工作的自由时差，则对后续工作无影响，进度计划可不作调整更新。经过上述分析，项目管理人员可以确定应该调整产生进度偏差的工作和调整偏差值的大小，以便确定应采取的调整更新措施，形成新的符合实际进度情况和计划目标的进度计划。

（2）项目进度计划的调整。

1）关键工作的调整。关键工作无机动时间，其中任意一项工作持续时间的缩短或延长都会对整个项目工期产生影响。因此，关键工作的调整是项目进度更新的重点。

①关键工作的实际进度较计划进度提前时的调整方法。若仅要求按计划工期执行，则可利用该机会降低资源强度及费用。实现的方法是，选择后续关键工作中资源消耗量大或直接费用高的予以适当延长，延长的时间不应超过已完成的关键工作提前的量；若要求缩短工期，则应将计划的未完成部分作为一个新的计划，重新计算与调整，按新的计划执行，并保证新的关键工作按新计算的时间完成。

②关键工作的实际进度较计划进度落后时的调整方法。调整的目标就是采取措施将耽误的时间补回来，保证项目如期完成。调整的方法主要是缩短后续关键工作的持

续时间。这种方法是在原计划的基础上，采取组织措施或技术措施缩短后续工作的持续时间以弥补时间损失。这种调整一般会增加费用。

2）改变某些工作的逻辑关系。若实际进度产生的偏差影响了总工期，则在工作之间的逻辑关系允许改变的条件下，改变关键线路和超过计划工期的非关键线路上有关工作之间的逻辑关系，实现缩短工期的目的。这种方法调整的效果是显著的。例如，可以将依次进行的工作变为平行或互相搭接的关系，以缩短工期。但这种调整应以不影响原定计划工期和其他工作之间的顺序为前提，调整的结果不能形成对原计划的否定。

3）重新编制计划。当采用其他方法仍不能有效时，则应根据工期要求，将剩余工作重新编制网络计划，使其满足工期要求。例如，某项目在实施过程中，由于地质条件，造成已完成工程的大面积塌方，耽误工期6个月。为保证该项目在计划工期内完成，在认真分析研究的基础上，重新编制了网络计划，调整资源供应计划，并按新的网络计划组织实施，最终不仅保证了工期，而且略有提前。

4）非关键工作的调整。当非关键线路上某些工作的持续时间延长，但不超过其时差范围时，则不会影响项目工期，进度计划不必调整。为了更充分利用资源，降低成本，必要时可对非关键工作的时差作适当调整，但不得超出总时差，且每次调整均需进行时间参数计算，以观察每次调整对计划的影响。

非关键工作的调整方法有三种：一是在总时差范围内延长非关键工作的持续时间；二是缩短工作的持续时间；三是调整工作的开始或完成时间。

5）增减工作项目。由于编制计划时考虑不周，或因某些原因需要增加或取消某些工作，则需重新调整网络计划，计算网络参数。增减工作项目不应影响原计划总的逻辑关系，以便使原计划得以实施。因此，增减工作项目只能改变局部的逻辑关系。

增加工作项目，只是对原计划遗漏或不具体的逻辑关系进行补充；减少工作项目，只是对提前完成的工作项目或原不应设置的工作项目予以删除。增减工作项目后，应重新计算网络时间参数，以分析此项调整是否对原计划工期产生影响。若有影响，应采取措施使之保持不变。

6）资源调整。若资源供应发生异常时，应进行资源调整。资源供应发生异常是指因供应满足不了需要，如资源强度降低或中断，影响到计划工期的实现。资源调整的前提是保证工期不变或使工期更加合理。

第五节　施工安全管理

一、我国的安全生产管理体制

我国的安全生产管理体制为：企业负责、行业管理、国家监察、群众监督、劳动者遵章守纪。

（1）企业负责。明确了企业应认真贯彻执行国家安全生产的法律法规和规章制度，并对本企业的劳动保护和安全生产负责。从而改变了以往安全生产工作由政府包办代替、企业责任不明的情况，健全了市场经济条件下新的安全生产管理体制。

（2）行业管理。行业主管部门遵循"管生产必须管安全"的原则，管理本行业的安全生产工作，充分发挥行业主管部门对本行业安全生产的管理作用，负责对本行业安全生产管理工作的策划、组织实施和监督检查、考核等。

（3）国家监察。安全生产行政主管部门根据国务院要求实行国家劳动安全监察。国家劳动安全监察是一种执法监察，主要监察国家法律法规的执行情况，预防和纠正违反法规、政策的偏差。它不干预企事业遵循法律法规制定的措施和步骤等具体事务，也不能代替行业管理部门的日常管理和安全检查。

（4）群众监督。保护员工的安全健康是工会的主要职责之一。工会对危害职工安全健康的现象有抵制、纠正以致控告的权力，这是一种自下而上的群众监督，与国家监察和行业管理相辅相成，相互合作，共同搞好安全生产工作。

（5）劳动者遵章守纪。劳动者在生产过程中应该自觉遵守安全生产的规章制度和劳动纪律，严格执行安全技术操作规程，不违章作业，是实现安全生产的重要保证。

二、水利工程承包人的安全生产责任

承包人的安全生产管理，从承包人、承包人的相关人员以及施工作业人员三方面出发，从事施工作业应当具备的安全生产条件包括，对承包人的资质等级、机构设置、投标报价、安全责任，承包人有关负责人的安全责任以及施工作业人员的安全责任等作出规定。

（1）承包人从事水利工程的新建、扩建、改建、加固和拆除等活动，应当具备国家规定的注册资本、专业技术人员、技术装备和安全生产等条件，依法取得相应等级的资质证书，并在资质等级许可的范围内承揽工程。

（2）承包人应当在依法取得安全生产许可证后，方可从事水利工程施工活动。

（3）承包人主要负责人依法对本单位的安全生产工作全面负责。承包人应该建立健全安全生产责任制度和安全生产教育培训制度，制定安全生产规章制度和操作规程，保证本单位建立和完善安全生产条件所需资金的投入，对所承担的水利工程开展定期和专项安全检查，并做好安全检查记录。

（4）承包人的项目负责人应当由取得相应执业资格的人员担任，对水利工程建设项目的安全施工负责，落实安全生产责任制度、安全生产规章制度和操作规程，确保安全生产费用的有效使用，并根据工程的特点组织制定安全施工措施，消除安全事故隐患，及时如实报告生产安全事故。

（5）承包人在工程报价中应当包含工程施工的安全作业环境及安全施工措施所需费用。对列入建设工程概算的上述费用，应当用于施工安全防护用具及设施的采购和更新、安全事故措施的落实、安全生产条件的改善，不得挪作他用。

（6）承包人应当设立安全生产管理机构，按照国家有关规定配备专职安全生产管理人员，施工现场必须有专职安全生产管理人员监督。

专职安全生产管理人员负责对安全生产进行现场监督检查，发现生产安全事故隐患，及时向项目负责人和安全生产管理机构报告，对违章指挥、违章操作的，应当立即制止。

（7）承包人在建设有度汛要求的水利工程时，应当根据项目法人编制的工程度汛方案、措施制定相应的度汛方案，报项目法人批准；涉及防汛调度或者影响其他工程、设施度汛安全的，由项目法人报有管辖权的防汛指挥机构批准。

（8）垂直运输机械作业人员、安装拆卸工、爆破作业人员、起重信号工、登高架设作业人员等特种作业人员，必须按照国家有关规定经过专门的安全作业培训，并取得特种作业操作资格证书后，方可上岗作业。

（9）承包人应当在施工组织设计中编制安全技术措施和施工现场临时用电方案，对以下达到一定规模的危险性较大的工程应当编制专项施工方案，并附安全验算结果，经承包人技术负责人签字以及总监理工程师核签后实施，由专职安全生产管理人员进行现场监督。

1）基坑支护与降水工程。

2）土方和石方开挖工程。

3）模板工程。

4）起重吊装工程。

5）脚手架工程。

6）拆除、爆破工程。

7）围堰工程。

8）其他危险性较大的工程。

对上述所列工程中涉及高边坡、深基坑、地下暗挖工程、高大模板工程的专项施工方案，承包人还应组织专家进行论证、审查。

（10）承包人在使用施工起重机械和整体提升脚手架、模板等自升式架设设施前，应当组织有关单位进行验收，也可以委托具有相应资质的检验检测机构进行验收；使用承租的机械设备和施工机具及配件，由施工总承包单位、分包单位、出租单位和安装单位共同进行验收，经验收合格后方可使用。

（11）承包人的主要负责人、项目负责人、专职生产安全管理人员应当经水行政主管部门安全生产考核合格后方可任职。

承包人应当对管理人员和作业人员每年至少进行一次安全生产教育培训，其教育培训情况将记入个人工作档案。安全生产教育培训考核不合格的人员，不得上岗。

承包人在采用新技术、新工艺、新设备、新材料时，应当对作业人员进行相应的安全生产教育培训。

三、安全事故的分级

根据《生产安全事故报告和调查处理条例》（2007 年国务院令第 493 号），按照事故造成的人员伤亡或直接经济损失，将安全事故划分为特别重大事故、重大事故、较大事故、一般事故 4 个等级。

（1）特别重大事故，是指造成 30 人以上死亡，或者 100 人以上重伤（包括急性工业中毒，下同），或者 1 亿元以上直接经济损失的事故。

（2）重大事故，是指造成 10 人以上 30 人以下死亡，或者 50 人以上 100 人以下重伤，或者 5000 万元以上 1 亿元以下直接经济损失的事故。

（3）较大事故，是指造成 3 人以上 10 人以下死亡，或者 10 人以上 50 人以下重伤，或者 1000 万元以上 5000 万元以下直接经济损失的事故。

（4）一般事故，是指造成 3 人以下死亡，或者 10 人以下重伤，或者 1000 万元以下直接经济损失的事故。

四、安全事故的处理程序

重大事故发生后，事故发生单位必须以最快方式，将事故简要情况向上级主管部门和事故发生地的市、县水行政主管部门及检察、劳动部门报告（如有人身伤亡）；事故发生单位属国务院部委的，应同时向国务院有关主管部门报告。

承包人发生生产安全事故，应当按照国家有关伤亡事故报告和调查处理的规定，及时、如实地向负责安全生产监督管理的部门以及水行政主管部门或者流域管理机构报告；特种设备发生事故的，还应当同时向特种设备安全监督管理部门报告。接到报告的部门应当按照国家有关规定，如实上报。

实行施工总承包的建设工程，由总承包单位负责上报事故。发生生产安全事故，项目法人及其他有关单位应当及时、如实地向负责安全生产监督管理的部门以及水行政主管部门或者流域管理机构报告。

重大事故发生后，事故发生单位应当在24h内写书面报告，逐级上报。事故报告应包括以下基本内容：

（1）事故发生的时间、地点、工程项目、企业名称。

（2）事故发生的简要过程、伤亡人数和直接经济损失的初步估计。

（3）事故发生原因的初步判断。

（4）事故发生后采取的措施及事故控制情况。

（5）事故报告单位。

事故发生后，事故发生单位和事故发生地的水行政主管部门，应当严格保护现场，采取有效措施抢救人员和财产，防止事故扩大。

第九章 水利工程经营管理

第一节 计划管理

计划管理是根据国家要求和社会需要，通过计划的编制、执行和控制，并提出改进生产技术和经营管理的措施，对生产经营活动的各个方面及其相互之间的关系进行协调和合理安排，以便有效地充分利用人力、物力和财力，完成预定的目标，收获良好的经济效益。

一、计划管理的重要性

计划管理的重要性是由水利工程管理单位的特点决定的。

（1）水利工程管理单位是多目标利用水资源发展国民经济服务的单位，担负着防洪、除涝、灌溉、供水、发电、航运、水产养殖等多种任务。各项目之间容易产生矛盾，可实行计划管理，根据轻重缓急统筹安排，才能实现整体利益优化的目标，最大限度地满足国民经济各部门的需要。

（2）水利工程管理单位是运用水利工程设施和现代机器设备进行社会化大生产的经营单位，生产过程复杂，劳动分工细致，受自然环境和社会经济条件的制约比较明显，实行计划管理，使各个部门、各个环节相互配合，为总的经营目标协调工作，才能有条不紊地顺利进行生产。

（3）水利工程管理单位要讲究经济效益，就需要计算投入和产出，实行计划管理，在各部门、各项目之间合理地分配和使用人才、资源、设备和原材料，实现供、产、销在时间和空间上的综合平衡，才能取得良好的经济效益。

（4）实行计划管理，可以使水利职工知道本单位的发展规划和经营目标，明确自己的具体任务，从而增强主人翁责任感，充分发挥应有的积极性和创造性，为实现总的目标而共同奋斗。

二、计划的编制

计划的核心是经营决策。经营决策是为了实现经营目标，在经营分析的基础上，从两个以上的方案中选择一个满意合理的方案。水利工程管理单位全局性决策包括经营目标、经营方针、发展规划等，是编制计划的重要依据。计划则是决策的具体体现，另外必须在调查研究的基础上进行决策，才能编制相应的计划。

（一）确定发展方向

编制计划之前，需要进行大量的调查研究工作，掌握有关的外部条件和内部条件。外部条件包括：国家的经济方针和政策，本地区国民经济发展计划，各行业、各部门对供水、供电及其他产品的需求情况，水行政主管部门下达的任务以及所需人力、物力、财力的来源和保证程度等。内部条件包括：水土资源状况，工程设备的使用年限，性能和生产能力，已达到的各项技术经济指标，各种消耗定额，资金周转能力，职工的素质等。

在调查研究的基础上进行预测，展望本单位的未来发展方向。预测有环境预测、经济发展预测和技术进步预测。例如库区环境变化、河道淤积对洪水的影响；工农业发展对供水、供电需求的变化；微机自动化控制，卫星云图、气象传真、遥感，遥测、遥控技术在气象、洪水预报及防汛调度方面的运用及其对工程的影响等；对市场需求也要进行预测。为确定本单位的发展方向和发展规模取得必要的资料。预测必须有数量指标（包括绝对值、增长率、增长速度）和质量指标（包括具体的定量标准）。

（二）确定经营目标

经营目标要有时间期限，包括社会效益目标（指防洪、灌溉、供水、发电等社会效益要达到的具体指标）、经济效益目标（指本单位的年总收入和利润要达到的指标）、发展目标（指工程设施的技术改造、维修、扩建及本单位的基本建设和生产经营项目的发展目标）。

经营目标确定之后，就要研究经营策略。经营策略是为了实现经营目标所采取的对策，包括：①确定经营重点，结合本单位的具体条件，选择对当地国民经济发展有重要影响的项目作为经营重点；②划分经营步骤，即规定时间内，根据总的目标，提出分期分批实现的具体步骤；③经营措施是研究实现经营目标的具体方案，例如，为了实现扩大灌溉效益的目标，可以采用推广科学灌溉方法以减少灌溉定额的措施，或采用渠道衬砌提高渠道水利用系数的措施，对各种方案进行比较，从中选出满意、合理的方案。

（三）编制计划

水利工程管理单位的计划有长期计划和年度计划。

（1）长期计划是指五年或五年以上的计划，是水利工程管理单位的纲领性计划。主要内容包括：明确发展方向，确定主要经营项目、经营能力与经营规模；新技术、新设备的引进，老设备的更新改造应达到的标准；各项经济指标（如总产值、利润人均水平的递增比例等）预计达到的水平和递增速度，水土资源综合利用计划，综合经营的发展目标和实施步骤，环境保护规划以及人才引进、职工培训、福利设施建设规划等。

（2）年度计划是长期计划的预定目标在年度内的具体化，是实行决策的执行性计划，要求对年度内应当完成的任务和指标做出明确的具体的安排。年度计划主要内容包括以下几方面：

1）防汛计划。规定计划年度内汛期的防洪限制水位、防洪调度方式、遭遇非常洪水时的保坝措施、抢险的人力以及物力准备等。

2）工程控制运用计划。在保证工程安全的前提下，提出供水、输水、蓄水、调水指标，制订出全年分月的引、蓄、提、输、供水计划。

3）销售计划。它包括分项目、分地区、分时段的供水量和供电量，综合经营的主要产品销售量、主要项目的服务计划。

4）工程养护修理计划。它包括水工建筑物、设备、仪器的正常养护，岁修计划，本年度的大修项目、工程配套和扩建项目计划。

5）综合经营生产计划。根据市场需要和资金、原料、人力情况进行计划制订。

6）器材、物资采购供应计划。根据以上各项计划计算各种器材、物资的需要量，分时段安排采购及供应。

7）劳动工资计划。它包括干部、职工的增减，计划人数，劳动工资和劳动福利要求等。

8）财务计划。它包括汇总销售计划、劳动工资计划、产品成本计划、管理费用计划、编制全面综合性财务收支计划、固定资金折旧及折旧资金使用计划、财务包干结余分配计划及专用基金使用计划。

9）科研、技术革新、职工培训和职工福利等其他计划。

（四）计划的执行

编制计划只是计划管理的开始，大量的工作是组织计划的实施。为此，要加强思想工作，增强员工的计划观念；要引进竞争机制，开展劳动竞赛；及时发现并消除各种不利因素，千方百计提高生产效率，保证员工能够全面地、均衡地完成计划规定的各项任务。为此，需做好以下3方面工作。

（1）明确计划责任，将各项计划所要求的各种指标，按系列层层分解，制订部门计划、短期计划、作业计划，具体落实到基层班、组和个人，明确规定责、权、利，使基层和个人能够发挥主动性和创造性。要做好调度工作，强化指挥系统，及时解决计划执行中出现的新矛盾。

（2）运用经济办法促进计划的实现。运用价格、成本、利润等经济杠杆，坚持物质利益原则，实施奖惩措施。

（3）开展增产节约、增收节支运动，实行技术革新，促进计划的完成。

（五）计划的控制

所谓控制，就是监督、检查计划执行的情况，及时发现偏差，迅速反馈，采取措施加以调整。

控制要依据计划指标，包括层层分解的详细指标。有了控制标准，就要针对实际执行情况进行比较分析。监督检查方式多样，包括日常检查和定期检查、全面检查和专题检查、听取汇报和深入现场检查等；还可以利用调度运行日志、统计报表、会计报表等进行分析检查。

通过检查，发现差异时，要通过分析找出原因，及时采取有效措施加以解决。如果确实由于计划不符合实际情况，则可以适当修改调整；但若由于主观因素未能完成计划，则不能任意修改，以维护计划的严肃性。

第二节　供水经营管理

供水经营管理是指对供水系统生产总过程（生产、流通、分配、消费）的各项经营活动进行计划、组织、指挥、调节和监督等一系列工作。供水系统的功能是运用系统的工程设施，调节、控制、合理分配水资源，尽最大可能按照社会经济发展和人民生活需要供应水资源，产生良好的社会、经济和环境效益，并从用水户取得经营收益或补偿。

一、供水经营管理的目的

供水经营管理的目的是充分发挥供水工程经济效益，主要任务是降低供水成本，增加供水效益，满足用水户对水的基本需求；运用经济手段，促进节约用水和用水定额管理，依据水的质量和服务制定水价；合理安排供水，尽量满足不同用户对供水时间、数量和质量方面的要求；使投入供水系统的资金得到良性循环，实现供水的可持续发展。

二、供水经营管理工作的内容

供水包括工业供水、城乡供水、水资源严重短缺供水困难地区的人畜饮水。供水经营管理工作内容包括：

（1）优选供水方案，编制供水计划，签订供水协议（合同），并组织实施。

（2）核定供水系统的固定资产、流动资金，按照社会主义市场经济理论和有关政策、法令，研究测算本供水系统的供水成本、供水价格，制定水费征收管理办法并严格执行。

（3）加强经营管理，实行经济核算，降低供水成本，提高经济效益，保证供水系统资产保值、增值。

（4）建立经营管理责任制和相应的考核、奖惩制度，工业供水和城市供水要按企业管理建立现代企业制度，乡镇供水要遵循"谁建、谁有、谁管"的原则，实行不同形式的经济承包制。

（5）进行供水的计量、定额、统计和信息管理等基础工作。

（6）通过各种渠道、多层次、多元化筹集资金，计收水费，组织经营收入，用于供水工程的大修、更新、改造或扩建，维持工程的简单再生产和扩大再生产。

（7）制定和贯彻有关的经营管理法规，用以指导供水的经营管理工作和保护供水单位及用水户的合法权益。通过科学合理地制定投资、价格、收费等经济调节政策，把供水推向市场，使其按照价值规律、商品形成要素进行生产和流通，适应社会主义市场经济体制的要求，建立供水良性运行机制。

三、供水的经营形式

供水的经营形式应因地制宜，既要有利于协调各方面的矛盾，为社会各部门提供综合供水服务；又要使基层单位有一定的自主权，改变过去单纯依靠行政途径管理供水的做法，充分利用经济杠杆和经济法规管理供水。供水经营形式主要有以下三种。

（一）供水公司经营

按水系或行政区域设立供水公司，由当地水行政主管部门负责组建，各有关管理单位派人参与。签订经济合同，规定各参加单位的责、权、利，不改变原来的所有制和行政隶属关系，各自实行独立经济核算。公司有行使供水的引、蓄、提、调、销的处理权，有按照合同处理经济收益的分配权。这种形式有利于发挥各工程管理单位的优势和能力，在更大范围内发挥水的综合效益。

（二）枢纽工程统一经营

由枢纽工程管理局统管全部供水任务，包括水源、水电、灌区、城市供水等工程，实行产、供、销一条龙经营，统一经济核算。下属各单位执行管理局下达的计划，实行内部经济责任制。这种形式有利于统一指挥和调度，但不利于发挥基层的积极性。

（三）水源与供水工程分设机构

由枢纽工程负责水源，灌区工程负责渠系调度和农田灌溉，自来水公司负责城市供水，各自实行独立经济核算。这种形式有利于发挥各基层单位的积极性，但相互之间的利益矛盾不易调节。

第三节 水力发电经营管理

对水力发电的生产、输送、供应及销售等经营活动进行决策计划、组织指挥、协调控制。水力发电经营管理的目的是通过全面计划管理、全面质量管理、全员责任管理、全程考核管理等途径，进行发电经营管理，获取最佳的经济、社会和环境效益。

一、管理原则

（1）充分考虑水力发电的特点：①水电生产能满足电能难以储存和电能生产发、供、用同时进行的要求；②水力发电出力随天然径流变化，受天然来水制约；③以天然水为电能生产原料，生产成本低；④水力发电机组开停灵活，能迅速适应系统负荷变化；⑤水力发电是清洁能源，有利于保护生态环境。

（2）以市场为导向，在市场调查和电力负荷预测的基础上，根据水力发电特点和电力系统电力、电量全面平衡的要求，合理安排水力发电运行方式，综合利用系统中的多种动力资源，制定水力发电经营方针、目标和发展规划。并组织水电建设、生产、供应及销售，以满足社会的需要。

（3）注意做好电力系统中水力发电站水库的优化调度和水力发电厂内优化运行的协调控制。一方面要充分利用水库电站具有调节性能的特点，与火电配合运行，发挥各自的运行特点，在电网中担任调峰、调频及事故备用等任务，提高整个电网运行调度的安全性、经济性、灵活性和可靠性，取得全系统的最大经济效益。另一方面，水力发电经营管理应使水电站在防洪、灌溉、工业及生活用水、航运、环境保护用水、旅游和水产养殖等方面充分发挥综合利用效益，进一步提高整个电力系统的社会及环境效益。

二、工作内容

水力发电经营管理的工作内容包括：

（1）根据水电企业内外环境条件，制定有远见的、切实可行的、能推动企业健康发展的经营战略、方针和目标。

（2）建立科学的企业管理体制，进行科学决策，保证企业发展的正确方向，不断提高企业的适应能力和竞争能力，取得最佳的经济效益。

（3）按照市场调查、负荷预测，编制好企业经营计划，执行并制定相应的检查督促措施，以组织、指挥和控制企业的生产经营活动，确保企业经营决策目标的实现。

（4）充分发挥市场手段，及时掌握市场信息，准确把握市场的变化，做出快速、灵敏、准确的反应，调整管理方式，优化组合生产要素，合理配置各种资源，提高企业的整体效率和效益。

（5）依靠先进的科学技术，不断推进企业科技进步与技术创新，降低生产成本和管理成本，努力提高劳动生产率及电能质量，增强竞争力。

（6）树立和增强资本经营意识，实现国有资产保值增值，提高资金运营效率，加强企业自我积累和自我发展能力。

（7）建立并完善与市场经济运行规律相适应的电力企业内部管理制度，以及与国际接轨的财务会计制度、企业内部责任制度和考核制度，并实施有效的激励和约束机制。

（8）大力开发人才资源，强化以人为中心的管理，充分激发广大员工的积极性和创造性，逐步建立健全包括培训、使用、选拔、奖惩、监督等环节的企业人才开发机制。

（9）加强水电企业领导班子建设和企业文化建设，倡导企业精神，塑造良好的企业形象，提高企业整体素质。

第四节　水利综合经营管理

水利管理单位在管理和使用水利工程的同时，利用自身的水土资源和技术、设备优势开展经营管理活动，以改善自身经济状况，提高职工生活水平，稳定职工队伍，并安置富余人员。

一、开展综合经营的重要性

水利工程管理单位拥有丰富的水土资源和开发利用水资源的工程设施，并有各方面的技术人员和季节性的剩余劳动力。在确保工程安全、充分发挥工程效益的前提下，积极开展综合经营，其重要性表现在以下四个方面。

（一）为社会增加财富

利用人力、物力和自然资源，为社会提供农、林、牧、副、渔等产品，还能提供航运、交通、机械加工、农副产品加工等劳务服务，为社会提供了商品，创造了财富。

（二）为水利工程管理单位增加经济收入

以实业养事业，提高水利工程管理单位经费自给水平，为维持工程的简单再生产增加资金来源，从而促进管理工作水平的提高。

（三）稳定职工队伍

增加职工收入，改善职工福利，并为职工家属提供就业机会，解除职工后顾之忧，有利于维护职工队伍的稳定。另外，还可以为社会提供劳动就业机会，密切关注水利工程管理单位与周围群众的关系。

（四）保护和美化环境

开展绿化、种植果树和经济林木，有利于水土保持和美化环境。

二、综合经营的生产项目

（1）养殖业。①水产养殖，包括淡水养鱼，河湖捕捞，培育鱼苗，养育虾、蟹、珠、贝、甲鱼、中华鲟、胭脂鱼、水库大银鱼等；②家禽畜牧业，包括鸡、鸭、鹅、猪、牛、羊、貂、貉、鹿、兔等；还有蜂业、蚕业等。

（2）种植业。①农业，包括粮、油、棉、茶、烟、药材等；②林业，包括材林，经济林、苗圃、林产品、果树、木耳、花卉、盆景等。

（3）加工业。包括工程材料生产、水泥制品生产、金属材料加工、机电设备修理和安装、农副产品加工、手工编织、工艺品加工等。

（4）运输业。包括船舶、汽车客货运输及码头装卸等。

（5）旅游服务业。包括招待所、出租汽车、游艇、照相、游泳场、滑冰场、饮食服务、土特产、纪念品、工艺品销售等。

三、综合经营管理发展趋势

20世纪80年代初，根据水利管理单位的实际情况，我国水利部门提出在水利管理单位中开展水利多种经营。开始阶段，主要是开展一些种植业（林木、果树）、养殖业，以改善职工的福利；或开办一些劳动密集型产业分流人员，安置职工家属和子女，同时增加了单位的经济收入。随着改革开放和市场经济的发展，水利多种经营的规模也相应扩大，特别是一些大型水利工程，具有较强的经济实力和优越的水土资源条件，可组建企业集团，发展旅游业和其他产业，并逐渐将综合经营管理与工程安全管理和发挥运行效益并列为水利工程管理单位的三大基本任务。

参考文献

[1] 葛春晖. 钢筋混凝土沉井结构设计施工手册 [M]. 北京：中国建筑工业出版社，2004.

[2] 江正荣，朱国梁. 简明施工计算手册 [M]. 北京：中国建筑工业出版社，1991.

[3] 刘士和. 高速水流 [M]. 北京：科学出版社，2005.

[4] 王世夏. 水工设计的理论和方法 [M]. 北京：中国水利水电出版社，2000.

[5] 梁醒培. 基于有限元法的结构优化设计 [M]. 北京：清华大学出版社，2010.

[6] 朱伯芳. 有限元素法基本原理和应用 [M]. 北京：水利电力出版社，1998.

[7] 施熙灿. 水利工程经济学 [M]. 北京：中国水利水电出版社，2010.

[8] 李艳玲，张光科. 水利工程经济 [M]. 北京：中国水利水电出版社，2011.

[9] 王建武，陈永华，等. 水利工程信息化建设与管理 [M]. 北京：科学出版社，2004.

[10] 任鹏. 对水利工程施工管理优化策略的浅析 [J]. 工程技术：全文版，2017，13（1）：66.

[11] 赖娜. 浅析水利机电设备安装与施工管理优化策略 [J]. 建筑工程技术与设计，2016，13（26）：165-165.

[12] 陈建彬. 对水利工程施工管理优化策略的分析 [J]. 中国市场，2016，12（4）：131-132.

[13] 王翔. 对水利工程施工管理优化策略的分析探讨 [J]. 工程技术：文摘版，2016，8（10）：101.

[14] 屠波，王玲玲. 对水利工程施工管理优化策略的分析研究 [J]. 工程技术：文摘版，2016，9（10）：93.

[15] 李益超. 浅谈水利工程招投标工作的重要性和管理途径 [J]. 河南水利与南水北调，2014，33（6）：81-83

[16] 刘建华，邓策徽. 农业综合开发水利工程项目的建设管理探究 [J]. 黑龙江水利科技，2016，44（11）：167-169.

[17] 舒亮亮. 水利工程招标投标管理研究 [J]. 水利发展研究，2016，12（2）：64-68.

[18] 郑修军. 水利水电工程招标管理问题及对策 [J]. 工程建设与设计, 2013, 11（3）: 126-128.

[19] 李风, 姜威, 张洪玉. 水工金属结构热喷涂锌钊防腐工艺实践分析 [J]. 黑龙江水利科技, 2014, 36（2）: 188.

[20] 海乐, 苏燕. 径流式水电站工程的技术及设计创新 [J]. 水利水电快报, 2010, 31（3）: 33-34, 41.

[21] 刘磊, 陈亮, 汪在芹等. 水工金属结构水性无机富锌涂料研究进展 [J]. 人民长江, 2013, 44（20）: 61-65.

[22] 邹伦诗. 实例研究水工建筑施工中常见的技术问题 [J]. 河南水利与南水北调, 2014, 11（4）: 87-89.

[23] 朱建生. 水工建筑结构设计关键问题探讨 [J]. 河南水利与南水北调, 2018, 47（1）: 62-63.

[24] 何佳丽. 水工建筑物结构性病害防治与处理方式 [J]. 建材装饰, 2016, 10（4）: 273-274.

[25] 马丽. 水工建筑的防渗透技术分析 [J]. 中国水运, 2014, 14（9）: 331-333.

[26] 冯家团. 公益性水利工程项目经济评价方法的述评 [J]. 黑龙江水利科技, 2017, 45（4）: 188-189.

[27] 刘立娟, 牟林. 水利工程施工中的安全管理措施 [J]. 科技展望. 2016.26（7）: 118.

[28] 马利伟. 浅谈小型农田水利工程的建设与管理 [J]. 中国水运: 下半月刊, 2010, 10（12）: 161-162.

[29] 黄映. 目标成本管理在水利工程施工项目中应用研究 [J]. 建筑知识, 2017, 37（13）: 152.

[30] 马吉. 浅析目标成本管理在水利工程施工项目中应用 [J]. 科技创业月刊, 2016, 29（23）: 90-91.